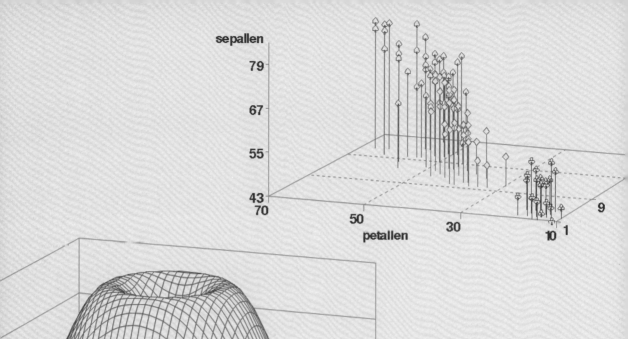

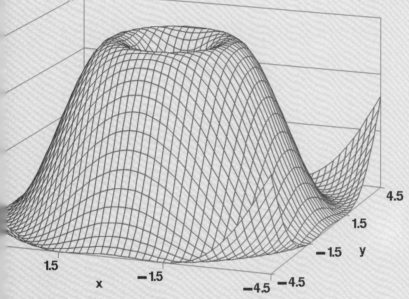

통계의 이해

understanding of statistics

-다변량 빅데이터 중심으로-

강다래·이정·김정문·차장옥 지음

서론

통계는 우리 생활에 중요한 한 부분을 차지하고 있다. 특히 요즈음 인터넷의 발달로 인하여 Big Data의 수집이 원활한 환경에서 우리가 알고자 하는 여러 현상을 파악하고자 통계분석을 함에 있어 통계분석 수단만 갖추어진다면 우리 생활에 유용한 정보를 얻을 수 있을 것이다. 아무리 많은 자료를 가지고 있다고 해도 자료를 정리하고 특정한 결과를 얻을 수 있는 수단이 없다면 그 자료는 효용 값어치가 없다 즉 죽은 자료이다. 다른 과학(IT)의 발전에 따라, 과거보다 손쉽게 얻어진 자료라 할지라도 우리의 미래 삶을 풍족하게 할 수 있는 정보로 활용할 수 없다면 그 의미를 잃게 된다. 그러나 통계를 이해하지 못하고 통계분석에만 급급하여 여러 통계 방법을 적용하는 것은 크나큰 오류를 범하게 된다. 이 오류는 좋지 않은 결과로 이어지고 이는 마치 정확한 정보로 오인되어 우리의 삶에 도움이 되지 못한다.

최근에 통계분석을 위한 많은 컴퓨터 프로그램(통계 패키지)들이 많이 제작되고 있다. SAS, SPSS 그리고 R 등 다양하게 존재하며 각 통계 패키지들의 특성에 따라 이용성이 다르지만 각 통계 패키지들은 거의 모든 형태의 자료에 대하여 해결방안을 준다. 이들 통계 패키지들의 특성을 보면 SPSS는 메뉴 방식이 중심이기 때문에 첫 입문자들은 쉽게 느껴질 수 있으며, 간단한 통계에는 문제가 없지만 복잡한 분석에서는 별도의 코딩 방식을 따로 학습해야 한다. SAS 나 R은 코딩 방식이 주를 이루지만, 보다 자세하고 독특한 통계분석을 할 수 있게 해준다. 또 SAS와 R의 비교는 같은 코딩 방식이 주를 이루지만 SAS는 사용에 비용이 많이 들고 R은 무료라는 것에 매력이 있다. 그러나 R의 코딩을 위해서는 통계 계산 과정을 잘 파악하여야 하며 만약 오류가 있는 코딩을 하였다면 통계분석 결과에 책임 소재가 불분명하게 된다. 하지만 SAS는 이미 공인된 통계 패키지이고 SAS에서 제공하는 코딩 내용을 이용하므로 그 책임은 SAS에서 일정 부분 책임을 지게 된다. 그러한 이유로 비용이 많이 요구되더라도 SAS의 사용이 계속되고 있다.

과학은 크게 자연과학과 사회과학으로 나누어지며 이러한 분야에서 만들어질 수 있는 자료는 특성에 많은 차이가 있다. 이에 통계 방법은 특정 분야에 특성화된 방법만을 적용할 수 있는 것이 아니라 어느 방법이나 수집된 자료의 특성에 따라 또, 설명하고자 하는 목적에 따라 통계 방법을 적용하여 적절하게 적용해야 한다. 이러한 이유로 각각 통계 방법에 대한 이해가 있어야 하며, 이해가 이루어지면 통계 방법을 적용하는데 자료의 특성에 따라 자료의 변환이라든지 처리 과정에서 부가되는 또 다른 절차가 있어야 함을 이해하게 된다.

본서는 조금이나마 통계 방법의 원리를 설명하여 특정 자료에 대한 적절한 통계 방법의 적용을 위하여 노력하였다.

본서 학습에 주의사항

본서는 다변량 분석을 위주로 작성되었으며, 통계분석의 과정에서 사용되는 Option들이 왜 필요한지를 이해할 수 있도록 저술하였다. 순수통계를 하시는 분들에게는 쉬운 이야기이겠지만 우리와 같이 응용통계를 하는 사람들은 항상, 왜 이렇게 많은 Option 들이 필요한가 하는 의문이 많았을 것이다. 그러나 많은 Option은 각종 검정을 위한 것이고, 이 검정은 각 학문의 분야에 따라 사용이 다르다. 예문으로 작성된 특정 Option이 요구되지 않으면 삭제하고 실행을 하는 것이 가능하다. 또한, 작성된 Option 외에 요구된 Option이 있다면 SAS Option을 찾아 추가하여 실행하는 것도 가능하다. 세계적으로 대표되는 통계 패키지 SAS에는 요구되는 모든 것이 있다고 생각하면 될 것이다. 사용된 예문 자료는 SAS에서 제공하고 있는 자료와 본인이 접할 수 있는 자료를 사용하였다.

물론 사회과학과 자연과학으로 분야가 다를 수 있으나, 반복된 학습을 진행하면 해결될 것으로 생각된다. 최근에는 옛날과 다르게 사회과학, 자연과학의 경계가 없이 연구가 진행되는 실정이다. 특히 자연과학에서 사회과학에 많이 이용되던 형태의 자료가 많이 생성되는 실정이다.

조사하거나 실험을 하여 생성된 자료는 연구자 본인이 제일 잘 이해하고 있으므로, 본인이 통계 학습을 하여 직접 통계분석을 하는 것이 가장 좋은 분석 결과를 얻을 수 있다. 제공된 예문을 이용하여 반복되는 학습을 하고 내용을 잘 학습하면 통계라는 고비를 쉽게 넘길 수 있을 것으로 본다.

최근에는 인터넷의 발전으로 다변량에 대한 자료의 수집이 쉽게 되었다. 그러나 자료의 수집이 쉽게 되어도 이에 따른 통계분석이 이루어지지 않으면 설명할 수 없고, 자료의 이용이 불가능하게 된다. 또한, 최근에는 다변량 자료가 많이 제공되고 생성되기 때문에 다변량 분석 및 그에 따른 설명이 요구된다. 실험하여 자료를 얻는 자연과학에서는 예전과 다르게 실험 도구들의 발달로 다변량의 자료를 이용할 수 있게 되었다. 많은 자료를 가지고 통계분석을 통하여 그 결과에 대한 설명이 이루어질 때, 많은 신뢰성을 가지게 되는 것 또한 사실이다.

본서는 이 SAS를 이용한 다변량 분석방법의 예문을 중심으로 한 설명과 분석 결과해석을 하고 이용 팁을 제공하였다.

특별하게 본서를 학습하기 위해서는 기초적인 통계 개념과 SAS를 사용할 수 있는 능력을 다른 기초적인 도서를 통하여 학습을 진행한 후, 본서의 학습을 권장한다. 또한, 본서를 학습하는 방법은 예제의 내용을 충분히 이해하고 SAS를 통하여 꼭 실습이 요구된다.

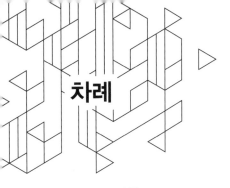

차례

통계의 의미

통계를 왜 하는가?

수많은 조사된 숫자를 가지고 통계분석을 통하여 그 결과를 기반으로 하여 현상을 파악한 후, 다음에 일어날 어떠한 일에 대해서 예측하고 우리에게 이롭게 환경을 바꾸어 가면서 미래를 개척하며 살아가고 있다. 현재와 같이 고도의 과학 발전과 가끔 일어나는 상상을 초월한 현상들, 그리고 또 과학 발전에 뒤따라 일어나는 예측하기도 힘든 일들이 우리의 미래에 대한 불안한 감정을 키워가고 있는 상황에서 물질적인 발전으로만 미래를 개선할 수 없을 것이다. 미래를 개선하고자 할 경우, 때로는 많은 시간이 필요하기도 하고 또 그에 따른 환경의 개선 및 준비가 필요할 수도 있는데 바로 눈앞에 일들만 처리하는 경우에는 많은 문제점이 발생 될 수도 있다. 또한, 다양한 자료의 특성과 무관하게 통계하는 방법을 고정하고 처리한다면 환경의 변화에 따른 적절한 설명이 불가능하게 된다. 그래서 통계이론에 대한 뜻을 파악하고 적절하게 변화시켜 사용한다면 적절한 적용이 가능하리라 본다. 물론 새로운 이론을 만들어 사용한다면 좋은 일이겠지만 통계이론을 만드는 일은 매우 어려운 작업이고 통계학자들에게 인증을 받아야 하며 순수통계를 하시는 분들의 노력이 필요하다. 응용 통계를 하는 우리는 통계이론의 내용이라도 잘 파악하여 적절하게 사용하는 것이 우선되는 일일 것이다.

1. 자료의 종류

자료의 종류를 파악하는 것은 대단히 중요하다. 그 이유는 자료의 종류에 따라 분석할 수 있는 통계 방법이 다르며 설명의 한계가 있다. 최근에는 이를 다양하게 사용하기 위하여 특별한 방법을 쓰기도 하지만, 이 특별한 방법의 적용은 통계분석 과정의 원리를 이해하는 것이 대단히 중요하다.

자료의 종류는 크게 범주형 자료와 연속형 자료로 나누어진다.

1) 범주형 자료

범주에 상응하는 자료로서 예를 들면 서울지역, 경기지역, 강원지역 등 서로 연속되는 서로 간에 인과 관계가 없는 자료의 형태이다. 또 범주형 자료는 순위형 자료와 명목형 자료로 나누어진다. 순위형 자료는 1등, 2등.... 그리고 첫째, 둘째 등등의 자료로 숫자로 표현할 수는 있지만, 서로 간에 연속되는 척도가 아니며, 명목형 자료는 순서나 크기의 의미가 전혀 없는 직업, 거주지 등 수치로 나타낼 수 없는 형태의 자료이다. 이들 자료의 형태는 주로 사회과학에서 많이 이용되나, 최근에는 이와 같은 형태의 자료가 자연과학에서도 생성되어 자연과학에서도 사회과학에서 사용되던 범주형 자료의 처리 기법이 자주 사용된다.

2) 연속형 자료

연속형 자료는 자료들 사이에 서로 연속되는 인과 관계가 있는 자료로서 농도, 온도, 습도 그리고 시간의 변화에 따라 연속되는 관계를 갖는 자료이다. 연속형 자료는 다시 이산형 자료와 연속형 자료로 나누어지는데 이산형 자료는 자녀 수, 컴퓨터 수, 교통사고 건수와 같이 단지 셀 수 있는 수치만을 갖는 자료이고, 연속형 자료는 키, 무게, 온도 등, 끊임없이 연속적인 값을 가질 수 있는 자료이다.

자료를 정리하거나 통계분석을 수행하기 위해서는 자료의 유형에 대해서 알아야 한다. 자료의 유형에 따라 분석방법이 달라지기 때문이다.

또 다른 측면에서, 자료는 측정척도의 유형에 따라 비율척도, 등간척도, 서열척도, 명목척도로 나누어진다. 비율척도와 등간척도는 연속형 자료 측정에 사용되고, 서열척도와 명목척도는 범주형 자료 측정에 사용된다. 서열척도는 측정 대상 간에 높고 낮음의 관계를 순서에 따라 값을 부여한 것이다. 예를 들면, 각 기관에 대한 만족도를 그 만족 순서에 따라 나열하여 번호로 순서를 정하면 등간척도이고, 서열척도가 된다(Likert scale). 명목척도는 남녀구별, 결혼 여부, 출신 지역 등과 같이 상호 다르다는 것을 표시하는 척도이다. 물론 남자=0, 여자=1과 같이 숫자로 표시할 수는 있으나, 이는 단지 하나의 표시로 숫자를 부여한 것으로, 측정 대상 간의 크기를 갖거나 계산할 수는 없다.

사회과학에서 구하기 쉬운 자료는 명목척도나 서열척도 자료가 많지만, 그 분석방법에는 연속형 자료와 다른 통계 방법을 적용해야 한다. 그러나 최근에는 Likert scale과 같은 방법으로 연속형 자료 형태로 변환하여 다양한 통계 방법을 사용하기도 한다.

3) Likert scale(리커트 척도)

인간의 느낌에 대한 자료는 범주형 자료이다. 그러나 통계분석 방법에 한계가 있어 연속형 자료의 형태로 변환하는 하나의 방법이다. 명칭은 이 척도 사용에 대한 보고서를 발간한 렌시스 리커트(Rensis Likert, 1932)의 이름에서 따온 것이다. 5단계 척도의 사용이 많지만, 학자에 따라서 7단계 또는 9단계를 사용하기도 한다. 리커트 척도는 양극 척도 방법이며, 그 질문에 대한 긍정적 반응과 부정적 반응을 측정하는 것이다. 경우에 따라서는 가운데에 있는 "보통이다."를 없애고 긍정과 부정 중 어느 한쪽을 선택하도록 하는 경우도 있지만, 처리하는 데는 문제가 있다. 답변이 끝난 후 각 항목을 별도로 분석하거나 항목 군에 대한 답변의 합계를 이용하여 평가한다. 조사된 자료의 형태가 정규분포를 따른다면, 분산분석 등의 모수적인 검정이 가능하다. 리커트 척도는 단순히 "예"와 "아니오"로 구분하는 경우도 있지만, 이러한 경우는 특정 통계 방법을 이용한다.

2. 하나의 변수에 대한 분석 – 기술적 통계량

척도의 종류	명목, 서열척도(질적 분석)	구간, 비율척도(양적 분석)
통계량	비율, 최빈치, 사분위, 범위, 첨도, 왜도 등	평균, 표준편차, 최빈치, 첨도, 왜도 등

3. 두 변수 사이에 대한 분석

연속형 자료가 범주형 자료로 변환되어 사용되는 경우도 있다. 예를 들어 시험 성적 자료에서 60점 이하, 61~70점, 71~80점, 81~90점, 91~100점으로 집단화하여 각각 F, D, C. B, A의 평점으로 표현하면 시험 점수라는 연속형 자료가 평점이라는 범주형 자료로 변환된 것이다. 이러한 변환은 성적, 소득 등의 자료에서 흔히 이용된다. 또한, 범주형 자료로 수집되었지만, 연속형 자료로 보고 처리할 수도 있는데 리커트 척도(아주 나쁘다 : 1, 나쁘다 : 2, 보통이다 : 3, 좋다 : 4, 아주 좋다 : 5)중에서 수집된 숫자를 점수로 생각하여 연속형 자료로 처리할 수도 있지만 이에 따른 충분한 설명이 필요하다.

자료의 형태는 통계분석의 방법을 결정하는데 대단히 중요하다. 물론 실험을 계획할 때, 실험의 목적과 부합하는 통계 방법을 정하고 그 통계 방법에 따른 형태로 자료를 수집해야 한다. 그러나 이러한 과정 없이 자료수집이 이루어진다면 통계처리 진행에 많은 어려움이 있고 자료에 대한 설명 또한 어렵게 되며 제한적일 수도 있다. 우선 자료수집부터 하고 후에 통계 방법을 찾는 방법은 옳지 않다. 먼저, 설명할 내용을 파악한 후, 설명 방법을 결정하고, 그에 따른 통계 방법을 결정한다. 그리고 결정된 통계 방법에 따른 자료를 수집하는 것이 중요하다.

4. 실험 설계

① 주제 설정: 실험을 하기 위한 주제를 정한다.

② 조사 항목: 실험자의 주장을 설명하기 위하여 조사 항목을 정한다.

③ 통계 방법: 실험자의 주장을 설명하기 가장 적합한 통계 방법을 결정한다.

④ 반복수의 결정: 통계 방법에 따른 반복수 및 조사 항목을 조절하여 결정한다.

⑤ 예비 실험: 결정한 방법에 따른 예비 실험을 진행하여 자료를 수집한다.

⑥ 실험 계획의 수정: 예비 실험 결과를 결정된 통계 방법으로 분석하여 설명이 잘 되는지를 파악하고 만족하지 못한다면 실험설계를 수정한다.

⑦ 본 실험: 수정 보완된 실험설계로 실험을 다시 진행하여 자료를 수집한다.

다음 표는 자료의 형태에 따라서 분석할 수 있는 통계 방법을 설명한 표이다. 실험 계획을 할 때, 수집되는 자료의 특성은 알 수 있으므로 통계분석 방법 또한 추측할 수 있다. 그러나 각 통계 방법에 따라 자료수집 방법이 달라지므로 이에 유의해야 한다. 예를 들면 독립변수와 종속변수가 동일하게 연속형 자료인 경우는 회귀분석을 할 수 있고, 독립변수를 범주형 자료로 보고 T-검정 또는 분산분석을 할 수 있다. 반대로 종속변수가 범주형 자료인 경우, 통계분석이 불가능하다. 이러한 경우는 종속변수와 독립변수를 바꾸어 간접적으로 실명하는 섯 또한 한 방법이다. 결과적으로 연속형 자료는 범주형 자료로 보고 처리할 수 있지만, 범주형 자료를 연속형 자료로 볼 수는 없다. 또한, 독립변수와 종속변수가 연속형 자료인 경우는 회귀분석을 할 수 있는데 회귀분석의 특성상, 변화하는 모양과 우리가 측정할 수 없는 위치에 값을 추정할 수 있는 특징이 있으므로 실험 목적이 이와 부합 한다면 회귀분석을 해야 하는데 회귀분석은 독립변수의 구분이 최소 4개 이상(구분이 많을수록 좋다)이 되어야만 유의하기 때문에 실험 설계 시에 고려해야 한다. 물론 반복 수 또한, 통계 방법에 따라 많아져야 안전하다. 결과적으로 통계 방법은 실험에서 설명하고자 하는 방향으로 정해야 하며 통계 방법이 정해지면 그에 따라 실험의 처리구 결정과 반복 수를 정해야만 한다.

종속변수 / 독립변수	연속형 변수	범주형 변수
연속형 변수	회귀분석 T-검정 (독립변수변환–범주형) 분산분석 (독립변수변환–범주형)	회귀분석 (종속변수변환 리커트 척도) 독립 · 종속변수 변환
범주형 변수	회귀분석 (독립변수변환 리커트척도) 분산분석 T-검정	독립 또는 종속변수변환 리커트척도

평균
Mean

통계의 가장 기본은 평균이라 생각이 된다. 또한, 이 평균의 의미를 정확하게 파악하는 것도 중요하다. 그러나 평균의 의미를 자세히 알기보다는 이용에 급급하여 사용한다면 많은 문제를 만든다. 그러면 평균은 왜 구하여야 하는가? 반복되는 많은 자료들만 가지고 자료에 대한 어떤 설명도 할 수 없기 때문에 설명을 위하여 대푯값이 필요하다. 이 대푯값을 위하여 평균이 필요한 것이다.

1. 산술평균(Arithmetic mean)

산술평균은 개체의 관찰 값을 모두 합하여 전체 개체 수(반복)로 나누어 얻는 통계량이다. 이 방법은 일반적으로 많이 사용되는 방법이며, 자료에 대한 설명이 잘 표현되지만 특이값에 영향을 받는 단점이 존재한다.

$$\bar{x} = \frac{\sum x_i}{n} = \frac{x_1 + x_2 + \cdots + x_n}{n}$$

$$\frac{4 + 36 + 45 + 50 + 75}{5} = \frac{210}{5} = 42$$

SAS 프로그램 2-1

```
data a;
input a;
cards;
4
36
45
50
75
run;

proc means;
run;
```

○ 결과 2-1

SAS 시스템

MEANS 프로시저

분석 변수 : a				
N	평균	표준편차	최솟값	최댓값
5	42.0000000	25.7001946	4.0000000	75.0000000

2. 기하평균(Geometric mean)

기하평균은 인구변동률이나 물가변동률 등 비율적으로 변화하는 변수의 평균으로 알맞다. 또한 배지의 농도에 따른 대장균 콜로니 수, 면역 항체의 역가 등과 같은 배수적 변수에 대한 평균도 기하평균을 사용한다.

$$\overline{x_G} = anti\log\frac{1}{n}\sum\log x_i = (x_1 x_2 \cdots x_n)^{\frac{1}{n}}$$

Sample 자료 : 4, 36, 45, 50, 75

$$(4 \times 36 \times 45 \times 50 \times 75)^{\frac{1}{5}} = \sqrt[5]{24300000} = 30$$

SAS 프로그램 2-2

```
data one;
    x2=geomean(4, 36, 45, 50, 75);
run;

proc print;
run;
```

○ 결과 2-2

SAS 시스템

OBS	x2
1	30

3. 조화평균(Harmonic mean)

조화평균은 동일한 조사대상에 대하여 서로 다른 반응을 나타내는 변수의 대푯값으로 적합하다. 세대 당 번식에 관계하는 개체 수, 수컷 한 마리당 교잡된 암컷의 수, 단위 시간 당 평균 생산량, 화폐 1단위당 상품의 평균구입량 또는 자동차 연비 등의 평균을 구할 때 주로 사용된다.

$$\overline{x} = \frac{n}{\sum \frac{1}{x_i}}$$

Sample 자료 : 4, 36, 45, 50, 75

$$\frac{5}{\frac{1}{4} + \frac{1}{36} + \frac{1}{45} + \frac{1}{50} + \frac{1}{75}} = \frac{5}{\frac{1}{3}} = 15$$

SAS 프로그램 2-3

```
data one;
   x2=harmean(4, 36, 45, 50, 75);
run;


proc print;
run;
```

○ 결과 2-3

SAS 시스템

OBS	x2
1	15

4. 중앙값(Median)

중앙값은 변수들을 크기순으로 정리하였을 때 가운데 오는 값이다. 중앙값은 특이값에
대한 영향을 적게 받는 이점이 있으나 데이터의 정보를 충분히 이용하는 데 한계가 있다.

관찰 값의 수가 홀수일 때 중앙값

$$\widetilde{x} = \frac{x(n+1)}{2}$$

관찰 값의 수가 짝수일 때 중앙값

$$\widetilde{x} = \frac{x_{\frac{n}{b}} + x_{\frac{n}{2}+1}}{2}$$

5. 최빈값(Mode)

최빈값은 변수들의 관찰 값 중에서 출현빈도가 가장 많은 값을 말한다. 최빈값은 대푯값
을 빠르고 쉽게 구할 수 있는 장점이 있지만 조사된 정보를 가장 적게 이용하는 단점도 있

다. 최빈값은 같은 자료에 몇 개라도 있을 수 있다. 최빈값이 하나일 때는 Uni-mode, 두 개이면 Bi-mode 세 개 이상일 경우에는 Multi-mode라 부른다. 최빈값은 특이값에 영향을 받지 않는다. 최빈값은 질적 데이터에 널리 사용되며 수요, 매매, 임금, 생계비 등의 대푯값으로 적당하다. 특히 색깔의 유행과 같은 경향을 쉽게 파악할 수 있다.

6. 대푯값(평균)들의 장단점

산술평균과 기하평균 및 조화평균은 변수의 관찰 값들을 모두 계산한 것이므로 대푯값으로 바람직하나, 특이값에 의해 영향을 받는 단점이 있다. 그러므로 특이값이 많이 나타나는 자료에서는 문제가 발생할 수 있다. 산술평균과 기하평균 및 조화평균은 모두 추상적인 의미를 가진다. 산술평균은 계산이 쉽고 수리적으로 편리한 점이 많으며, 모평균의 추정값으로 가장 적합하다. 더욱이 대부분의 모집단은 정규분포를 하지만 모집단이 정규분포하지 않더라도 표본 평균들은 정규 분포하므로 다른 대푯값보다 그 효용 가치가 크다.

기하평균은 비율적 성격을 가졌거나 시계열성 변수에 적합하고, 조화평균은 역수를 가지는 변수 등 특수한 경우에만 사용한다.

중앙값과 최빈값은 특이값에 영향을 받지 않는 이점이 있으나, 중앙값은 데이터를 크기 순서로 정리하는 것이 불편하며, 최빈값은 데이터가 적거나 복잡하면 구할 수 없는 단점이 있다.

중앙값은 특이값이 있거나 데이터에 분포가 치우쳤을 때 유용하고, 최빈값은 데이터의 집중 경향을 신속하게 알고 싶거나 가장 전형적인 수치가 필요한 경우에 편리하다.

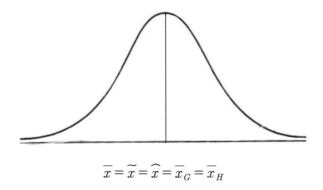

$$\overline{x} = \widetilde{x} = \widehat{x} = \overline{x}_G = \overline{x}_H$$

자료들이 정규분포할 때는 위와 같이 각각의 평균들이 같게 된다. 그러나 발생되는 자료는 완벽하게 정규분포하기는 힘들다.

평균에 대한 검증

평균이 통계의 시작이긴 하지만 그에 따른 검증은 항상 필요하다. 그래서 평균에 대한 검증을 위하여 표준편차나 표준오차를 쓴다.

	T1	T2	T3	T4	T5	T6
반복 1	.	.	.	.	1	1
반복 2	.	3	1	3	1	3
반복 3	3	3	3	5	3	3
반복 4	5	5	5	5	5	5
반복 5	7	7	7	5	7	7
반복 6	.	7	9	7	9	7
반복 7	.	.	.	.	9	9
합 계	15	25	25	25	35	35
N	3	5	5	5	7	7
평 균	5	5	5	5	5	5
표준편차	2	2	3.1623	1.4142	3.4641	2.8284
표준오차	1.1547	0.8944	1.4142	0.6325	1.3093	1.0690

SAS 프로그램 3-1

```
data a;
input T1-T6;
cards;
. . . . 1 1
. 3 1 3 1 3
3 3 3 5 3 3
5 5 5 5 5 5
7 7 7 5 7 7
. 7 9 7 9 7
. . . . 9 9
run;

proc means mean std stderr;
run;
```

○ 결과 3-1

SAS 시스템

MEANS 프로시저

변수	평균	표준편차	표준오차
T1	5.0000000	2.0000000	1.1547005
T2	5.0000000	2.0000000	0.8944272
T3	5.0000000	3.1622777	1.4142136
T4	5.0000000	1.4142136	0.6324555
T5	5.0000000	3.4641016	1.3093073
T6	5.0000000	2.8284271	1.0690450

① T1과 T2에서 비록 N 수는 다르지만, 표준편차는 같다. 이는 표준편차가 반복(N)의 개념이 고려되지 않음을 알 수 있다.

② T2와 T3는 합계와 반복(N)이 같지만, 분포가 다르다. T3의 분산이 크므로 T3의 표

준편차와 표준오차는 T2에 비하여 증가하게 된다.

③ T2와 T4는 자료의 분포 모양이 다른 형태이다.

④ T3와 T5는 합계와 N 수가 증가하였지만, 평균은 같은데 T3에 비하여 T5의 분산이 커지게 되므로 표준편차는 커지고 표준오차는 N의 증가에 따라 감소하게 된다. 이는 분산이 커지는 만큼 반복이 늘어 표준오차는 줄어든다는 것을 의미한다.

⑤ T5와 T6는 합계와 평균, 그리고 N 수도 같지만, 평균에서 먼 거리에 가중치가 있어 T5에 비하여 T6의 표준편차와 표준오차가 감소하게 된다.

표준편차: $S = \sqrt{\dfrac{\sum\limits_{i=1}^{N}(xi - \overline{x})^2}{N-1}}$

표준오차: $S_{\overline{x}} = \dfrac{S}{\sqrt{n}}$

1. 표준편차와 표준오차 개념

모집단 전체를 조사할 수 없을 때(대부분의 자료), 모집단을 대표하는 표본을 추출하고, 그 표본의 분포를 이용하여 모집단을 추정한다. 이때 모집단의 분포와 표본의 분포가 같을 수는 없겠지만 유사해야 한다. 추출된 표본들이 표본의 평균에서 얼마나 떨어져 있느냐, 이것이 표준편차이다. 표준오차(표본조사를 한다는 가정하에)는 자료 분포 모양이 얼마나 다른가를 알 수 있다. 각 처리의 반복 수가 같을 때는 표준편차와 표준오차가 동일하다. 표준오차의 계산은 **표준편차(S) / $\sqrt{n}$**이기 때문이다.

결론적으로 우리는 도출된 표본의 대푯값을 보기 위하여 평균을 계산하고, 표본의 분포 모양을 확인하기 위하여 표준편차 또는 표준오차를 보여주므로 표준편차와 표준오차는 적절하게 사용되어야 한다. 반복수가 같을 때는 표준편차나 표준오차 어느 것을 사용하더라도 문제가 없지만, 반복수가 다를 경우에는 표준오차를 이용하는 것이 보다 좋은 방법이다. 논문에서는 조사 항목들 사이의 비교를 위하여 표준편차나 표준오차를 사용하는 것이므로 각 항목에 대한 반복이 중요하다. 표준편차나 표준오차는 각 조사 항목들의 변이에 대한 내용을 가지고 있으므로 각각 표시해야 하며 이 표준편차나 표준오차를 다시 평균을 낸다면 각 조사 항목들은 변이가 같은 것으로 표현되어 표현에 문제가 된다.

2. 정규분포

자연상태의 자료는 대부분 정규분포(Normal distribution)를 하고 있다. 정규분포는 평균을 중심으로 대칭이고 평균에 가까울수록 빈도가 높다. 조사된 자료는 모집단인 자연상태 자료의 대푯값이 되어야 조사가 잘 이루어졌다고 본다. 만약 조사된 자료가 정규분포를 하고 있지 않다면, 모집단인 자연상태의 자료를 대표하기 어렵다. 그 이유로 대용량 자료뿐만 아니라 적은 용량의 자료에서 정규분포는 중요하다 하겠다. 하지만 실험실에서 수집되는 적은 용량의 자료에서 정규분포를 분석하는 것은 어려움이 많아서 우리는 정규분포를 할 것이라 가정하여 통계분석을 한다. 이 정규분포에 대한 분석에서 중요한 점은 왜도(Skewness)와 첨도(Kurtosis)이다.

1) 왜도(Skewness)

왜도는 분포의 비대칭성을 나타내는 척도이다. 왜도의 값이 양의 값을 가지면 자료의 중심이 정규분포보다 왼쪽으로 치우쳐져 있고 꼬리는 오른쪽으로 길어지게 되는 표현이다.

2) 첨도(Kurtosis)

측정치의 빈도수를 그래프로 나타내었을 때, 분포의 뾰쪽한 정도를 첨도라고 한다. 정규분포의 첨도는 0이며 첨도가 0보다 크면 정규분포에 비하여 뾰쪽한 모양을 갖는 모양이고, 첨도가 0보다 작으면 분포의 높이가 정규분포보다 낮아지는 모양이다.

이러한 왜도와 첨도는 왜도의 절댓값이 3 미만이면, 그리고 첨도의 절댓값이 7 미만이면 정규분포를 하고 있다고 본다. 사회과학과 달리 자연과학에서는 보다 적은 값을 요구하며 이 값들이 커질수록 변별력이 떨어지게 되므로 뒤따라지는 분석값들의 오차가 커지게 되는 경향을 나타낸다. 그러므로 이 값들은 되도록 작은 것이 유리하다. 일반적인 통계방법은 자료에 대한 정규분포를 가정하여 만들어졌기 때문이다. 자료를 분석하기 위해서는 먼저, 자료에 대한 정규성을 분석하여야 한다. SAS에서 이 정규성 분석은 Procedure univariate를 이용한다.

Procedure univariate

다변량 대용량의 많은 반복을 가지는 자료는 정규분포를 확인하여 통계분석을 하여야 한다. 그래야만 자연상태를 잘 설명할 수 있다. 만약 정규분포를 하지 않는 경우(왜도, 첨도가 허용한계에 있더라도)에는 왜도, 첨도가 벗어난 정도 만큼 자료의 변별력이 떨어지게 되므로 이어지는 통계분석 값에 영향을 준다.

SAS 프로그램 3-2

```
data a;
input   hang da yun tot dan jjan sin ssu gam;
cards;
3       3       3       3       2       2       1       1       3
4       6       7       6       2       2       3       2       2
4       6       6       6       2       2       3       2       2
5       5       5       5       3       2       1       2       2
6       5       6       5       2       2       1       2       2
2       3       4       3       3       2       1       1       3
6       5       5       6       2       1       2       1       3
6       5       5       6       2       1       2       1       3
4       4       5       4       3       2       2       4       2

-- 중략 --

4       3       3       3       2       1       1       1       1
4       5       4       4       2       1       1       1       2
5       4       4       4       1       1       1       1       2
5       5       3       4       2       2       2       2       3
4       6       5       5       2       2       3       1       2
3       3       2       4       2       3       1       1       4
2       2       2       3       2       1       1       2       3
5       6       6       6       2       2       3       2       3
run;

proc univariate;
    histogram hang da yun tot dan jjan sin ssu gam / midpoints = 1 to 5 by
1 normal;
run;
```

● 결과 3-2

SAS 시스템

UNIVARIATE 프로시저

변수: hang

적률			
N	1155	가중합	1155
평균	3.87272727	관측값 합	4473
표준 편차	1.2839129	분산	1.64843233
왜도	0.02941185	첨도	−0.5970973
제곱합	19225	수정 제곱합	1902.29091
변동계수	33.1526805	평균의 표준 오차	0.03777849

기본 통계 측도			
위치측도		변이측도	
평균	3.872727	표준 편차	1.28391
중위수	4.000000	분산	1.64843
최빈값	4.000000	범위	7.00000
		사분위 범위	2.00000

위치모수 검정: Mu0=0				
검정	통계량		p 값	
스튜던트의 t	t	102.5114	Pr > |t|	<.0001
부호	M	577.5	Pr >= |M|	<.0001
부호 순위	S	333795	Pr >= |S|	<.0001

분위수(정의 5)	
레벨	분위수
100% 최댓값	8
99%	6
95%	6
90%	6
75% Q3	5
50% 중위수	4
25% Q1	3
10%	2
5%	2
1%	1
0% 최솟값	1

극 관측값			
최소		최대	
값	관측값	값	관측값
1	1033	7	617
1	745	7	618
1	741	7	850
1	718	7	992
1	716	8	1135

SAS 시스템

UNIVARIATE 프로시저

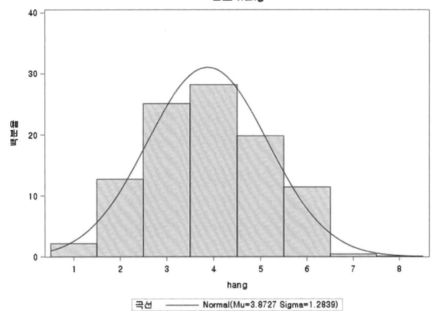

SAS 시스템

UNIVARIATE 프로시저

hang에 대한 정규분포 적합

정규 분포에 대한 모수		
모수	심볼	추정값
평균	Mu	3.872727
표준 편차	Sigma	1.283913

정규 분포에 대한 적합도 검정				
검정	통계량		p 값	
Kolmogorov–Smirnov	D	0.1516655	Pr > D	<0.010
Cramer–von Mises	W–Sq	5.2167998	Pr > W–Sq	<0.005
Anderson–Darling	A–Sq	29.6503168	Pr > A–Sq	<0.005

정규 적합 분포에 대한 분위수		
백분율	분위수	
	관측값	추정값
1.0	1.00000	0.88590
5.0	2.00000	1.76088
10.0	2.00000	2.22733
25.0	3.00000	3.00674
50.0	4.00000	3.87273
75.0	5.00000	4.73871
90.0	6.00000	5.51813
95.0	6.00000	5.98458
99.0	6.00000	6.85956

-- 중략 --

SAS 시스템

UNIVARIATE 프로시저

변수: jjan

적률			
N	1155	가중합	1155
평균	1.58008658	관측값 합	1825
표준 편차	0.59119917	분산	0.34951646
왜도	0.45632548	첨도	−0.6774372
제곱합	3287	수정 제곱합	403.341991
변동계수	37.4156186	평균의 표준 오차	0.01739574

기본 통계 측도			
위치측도		변이측도	
평균	1.580087	표준 편차	0.59120
중위수	2.000000	분산	0.34952
최빈값	2.000000	범위	2.00000
		사분위 범위	1.00000

위치모수 검정: Mu0=0				
검정		통계량	p 값	
스튜던트의 t	t	90.83183	Pr > |t|	<.0001
부호	M	577.5	Pr >= |M|	<.0001
부호 순위	S	333795	Pr >= |S|	<.0001

분위수(정의 5)	
레벨	분위수
100% 최댓값	3
99%	3
95%	3
90%	2
75% Q3	2
50% 중위수	2
25% Q1	1
10%	1
5%	1
1%	1
0% 최솟값	1

극 관측값			
최소		최대	
값	관측값	값	관측값
1	1154	3	1023
1	1150	3	1032
1	1149	3	1060
1	1148	3	1078
1	1144	3	1153

SAS 시스템

UNIVARIATE 프로시저

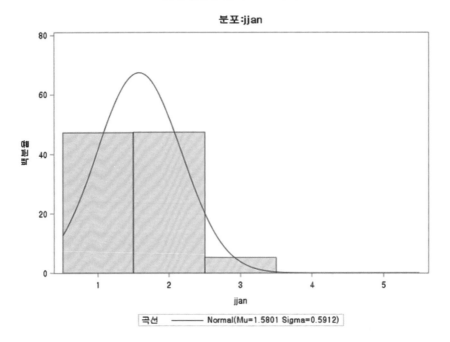

SAS 시스템

UNIVARIATE 프로시저

jjan에 대한 정규분포 적합

정규 분포에 대한 모수		
모수	심볼	추정값
평균	Mu	1.580087
표준 편차	Sigma	0.591199

정규 분포에 대한 적합도 검정				
검정	통계량		p 값	
Kolmogorov—Smirnov	D	0.309481	Pr > D	<0.010
Cramer—von Mises	W—Sq	24.842332	Pr > W—Sq	<0.005
Anderson—Darling	A—Sq	145.488205	Pr > A—Sq	<0.005

정규 적합 분포에 대한 분위수		
백분율	분위수	
	관측값	추정값
1.0	1.00000	0.20475
5.0	1.00000	0.60765
10.0	1.00000	0.82243
25.0	1.00000	1.18133
50.0	2.00000	1.58009
75.0	2.00000	1.97884
90.0	2.00000	2.33774
95.0	3.00000	2.55252
99.0	3.00000	2.95542

-- 계속 --

◐ 결과 해석

　상기 예문은 반복이 1,000개 이상의 자료를 분석한 결과이다. 자료에 대한 정규성을 분석하기 위해서는 반복이 충분하여야 한다. 실험실에서 조사되는 간단한 자료는 반복이 많지 않기 때문에 좋은 결과를 기대할 수 없다. 그러므로 정규성에 대한 분석은 생략하고 정규분포를 가정하고 분석을 진행하는 것이다. 그러나 사회과학에서, 설문 조사와 같이 반복을 충분히 조사할 수 있는 환경에서는 충분한 반복이 필요하다. 예문의 분석 결과, hang와 jjan만을 출력하여 설명하겠다. hang에서는 왜도와 첨도의 값들이 0.0294, -0.597로 0에 매우 가깝다. 그러므로 정규성을 인정할 수 있고, 정규분포에 대한 적합도 검정표에 나와 있는 여러 검정치들도 매우 유의하게 나왔다. 이 항목은 정규성이 있으므로 모집단에 대한 설명으로 조사된 표본이 잘 추출되었다는 신뢰성을 갖게 된다. 한편, jjan 항목에서는 왜도 0.4563, 첨도 -0.6774로 0에서 보다 먼 값이 분석되어 정규성에서 많이 벗어나 있다. 이러한 현상은 질문이나 조사에 대한 변별력이 떨어지는 것으로 반복수를 늘려가거나 질문의 형태 또는 조사의 형태를 바꾸어 변별력을 가질 수 있도록 하여야 한다. 단, 단순하게 한정된 특정 집단의 빈도만을 조사하는 경우는 정규성만을 확인하여 설명할 수 있지만, 다음에 이어지는 연속되는 분석에서 처리 간 비교나 연관성을 분석하기 위해서는 정규분포에 대한 확인분석이 요구된다.

　정규분포에 대한 적합도 검정표에서 여러 검정치들도 hang 항목보다 큰 값이 분석되어, 모집단에 대한 설명으로 조사된 표본이 잘못 조사되었음을 나타낸다. 이러한 경우는 설문의 형태를 수정하여 다시 조사하거나 정규분포에 가까워질 때까지 반복수를 늘려야만 자료에 대한 신뢰성을 높일 수 있다. 결과에 나와 있는 그래프(분포:hang, 분포:jjan)를 보면 쉽게 비교할 수 있다. 정규성 검정을 위한 자료의 반복 수는 리커트 척도(5분법)는 5 X 10 이상의 반복이 일반적으로 요구된다. 왜도가 좋지 않은 자료는 조사에 대한 큰 의미가 없으며, 한쪽으로 치우친 부분의 수가 많아 치우쳐진 부분의 자료가 강조된 것으로 분석에 오류를 범하기 쉽다.

SAS 프로그램 3-3

```
data a;
input t1-t6;
cards;
. . . . . 1 1
. 3 1 3 1 3
3 3 3 5 3 3
5 5 5 5 5 5
7 7 7 5 7 7
. 7 9 7 9 7
. . . . 9 9
run;

proc univariate;
run;
```

○ 결과 3-3

SAS 시스템

UNIVARIATE 프로시저

변수: t1

적률			
N	3	가중합	3
평균	5	관측값 합	15
표준 편차	2	분산	4
왜도	0	첨도	.
제곱합	83	수정 제곱합	8
변동계수	40	평균의 표준 오차	1.15470054

기본 통계 측도			
위치측도		변이측도	
평균	5.000000	표준 편차	2.00000
중위수	5.000000	분산	4.00000
최빈값	.	범위	4.00000
		사분위 범위	4.00000

위치모수 검정: Mu0=0				
검정	통계량		p 값	
스튜던트의 t	t	4.330127	Pr > |t|	0.0494
부호	M	1.5	Pr >= |M|	0.2500
부호 순위	S	3	Pr >= |S|	0.2500

분위수(정의 5)	
레벨	분위수
100% 최댓값	7
99%	7
95%	7
90%	7
75% Q3	7
50% 중위수	5
25% Q1	3
10%	3
5%	3
1%	3
0% 최솟값	3

극 관측값			
최소		최대	
값	관측값	값	관측값
3	3	3	3
5	4	5	4
7	5	7	5

결측값			
결측값	빈도	백분율	
		모든 관측값	결측값
.	4	57.14	100.00

SAS 시스템

UNIVARIATE 프로시저

변수: t2

⋮

지면 관계상 생략

◉ 결과 해석

t1에서 t6까지 각 처리구별 기초 통계량을 보여준다. 이 방법으로도 자료의 정규성 및 여러 기초 통계량을 확인할 수 있다.

빈도 분석
Frequency analysis

빈도 분석은 설문지 조사에서 나타나는 분류기준을 결정한 뒤 그에 따라 현재 조사된 사항이 적합한지를 조사하는 방법으로 **카이제곱**(x^2, Chi-square) **검정**이라고 한다.

카이제곱 검정은 어떤 기준 변수를 분류하고 그에 따른 빈도를 조사하여 검정하는 것으로 기준 변수 종류의 수에 따라 단일기준에 의하여 분류되는 경우와 두 기준이상에 의하여 분류되는 경우로 구분된다. 단일기준에 의하여 분류되는 경우는 설계 가설에서 추론되는 기대도수와 실제 조사에서 나타난 관측 도수를 비교하는 단순 적합도 검정을 하는 경우이고 복수기준에 의하여 분류되는 경우는 서로 다른 두 구분 기준 간에 독립적인지 동질성인지를 검정하는 방법이다. 즉, 빈도의 변화에 서로 연관성이 있는지, 그렇지 않으면 서로 간에 어떤 관계를 갖지 않고 독립적으로 변화하고 있는지를 비교한다. 이는 실험설계 가설과의 관계가 있으니 유의한 판단이 필요하다.

위의 내용을 요약하면 다음과 같다.

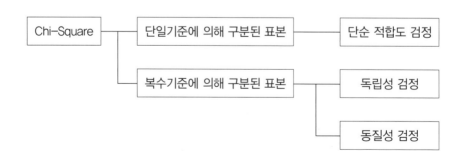

1. 단일기준에 의한 적합도 검정

예 도시에서 5명의 자녀를 가진 3868세대를 조사하여 아들의 수에 따라 분류한 것이다. 아들의 출생률을 1/2이라고 인정할 수 있겠는가?

아들 수	0	1	2	3	4	5
세대 수	92	603	1,137	1,254	657	125

SAS 프로그램 4-1

```
data a;
  input x1 x2 x3;
  cards;
0 1   92
1 2  603
2 3 1137
3 4 1254
4 5  657
5 6  125
run;
proc freq;
  weight x3;
  table x1*x2/chisq expected deviation cellchisq;
run;
```

● 결과 4-1

SAS 시스템

FREQ 프로시저

빈도 기대값 편차 셀 카이제곱 백분율 행 백분율 칼럼 백분율	테이블:x1 * x2						
	x2						
x1	1	2	3	4	5	6	합계
0	92 2.1882 89.812 3686.2 2.38 100.00 100.00	0 14.342 −14.34 14.342 0.00 0.00 0.00	0 27.043 −27.04 27.043 0.00 0.00 0.00	0 29.826 −29.83 29.826 0.00 0.00 0.00	0 15.627 −15.63 15.627 0.00 0.00 0.00	0 2.9731 −2.973 2.9731 0.00 0.00 0.00	92 2.38
1	0 14.342 −14.34 14.342 0.00 0.00 0.00	603 94.004 509 2756 15.59 100 100	0 177.25 −177.3 177.25 0.00 0.00 0.00	0 195.49 −195.5 195.49 0.00 0.00 0.00	0 102.42 −102.4 102.42 0.00 0.00 0.00	0 19.487 −19.49 19.487 0.00 0.00 0.00	603 15.59
2	0 27.043 −27.04 27.043 0.00 0.00 0.00	0 177.25 −177.3 177.25 0.00 0.00 0.00	1137 334.22 802.78 1928.2 29.4 100 100	0 368.61 −368.6 368.61 0.00 0.00 0.00	0 193.13 −193.1 193.13 0.00 0.00 0.00	0 36.744 −36.74 36.744 0.00 0.00 0.00	1137 29.4
3	0 29.826 −29.83 29.826 0.00 0.00 0.00	0 195.49 −195.5 195.49 0.00 0.00 0.00	0 368.61 −368.6 368.61 0.00 0.00 0.00	1254 406.54 847.46 1766.5 32.42 100 100	0 213 −213 213 0.00 0.00 0.00	0 40.525 −40.52 40.525 0.00 0.00 0.00	1254 32.42

	0	0	0	0	657	0	657
	15.627	102.42	193.13	213	111.59	21.232	
	−15.63	−102.4	−193.1	−213	545.41	−21.23	
4	15.627	102.42	193.13	213	2665.6	21.232	
	0.00	0.00	0.00	0.00	16.99	0.00	16.99
	0.00	0.00	0.00	0.00	100	0.00	
	0.00	0.00	0.00	0.00	100	0.00	
	0	0	0	0	0	125	125
	2.9731	19.487	36.744	40.525	21.232	4.0396	
	−2.973	−19.49	−36.74	−40.52	−21.23	120.96	
5	2.9731	19.487	36.744	40.525	21.232	3622	
	0.00	0.00	0.00	0.00	0.00	3.23	3.23
	0.00	0.00	0.00	0.00	0.00	100	
	0.00	0.00	0.00	0.00	0.00	100	
합계	92	603	1137	1254	657	125	3868
	2.38	15.59	29.4	32.42	16.99	3.23	100

x1 * x2 테이블에 대한 통계량

통계량	자유도	값	Prob
카이제곱	25	19340.0000	<.0001
우도비 카이제곱	25	11726.0475	<.0001
Mantel−Haenszel 카이제곱	1	3867.0000	<.0001
파이 계수		2.2361	
우발성 계수		0.9129	
크래머의 V		1.0000	

표본 크기 = 3868

❍ 결과 해석

결과에서 카이제곱의 Probability 값이 0.01보다 작으므로 유의하다. 즉 아들의 출생률이 1/2이라고 할 수 있다. 우도비 카이제곱이나 Mantel-Haenszel 카이제곱은 요구에 따라 사용한다.

2. 복수기준에 의한 경우

표본이 복수인 경우, 카이제곱 검정법은 분석목적에 따라 독립성 검정과 동질성 검정으로 구분된다. 이러한 독립성과 동질성은 실험설계 가설에 따른다.

1) 독립성 검정

두 분류기준이 상호 독립적인지를 확인하는 방법으로 두 분류기준 중 어느 하나가 다른 하나에 전혀 영향을 주지도 받지도 않을 때 이 두 분류기준은 서로 독립이라고 하며, 이와 같은 현상의 유무를 검정하는 방법을 독립성 검정이라고 한다.

예 종교 신자들의 거주지역과 해당 종교와의 관련성을 알아보기 위하여 어느 지역을 4개(동, 서, 남, 북)로 구분한 후 200명의 신자를 임의로 추출하여 다음 표를 얻었다. 종교와 지역 사이는 서로 독립적이라고 할 수 있는가?

	기독교(1)	천주교(2)	불교(3)	기타(4)	계
동 부(1)	9	12	8	12	41
서 부(2)	13	9	11	14	53
남 부(3)	9	16	12	14	51
북 부(4)	11	10	15	19	55
계	42	53	46	59	200

x1 → 지역

x2 → 종교

x3 → 신자 수

SAS 프로그램 4-2-1

```
data a;
input x1 x2 x3@@;
cards;
1 1  9   1 2 12   1 3  8   1 4 12
2 1 13   2 2 15   2 3 11   2 4 14
3 1  9   3 2 16   3 3 12   3 4 14
4 1 11   4 2 10   4 3 15   4 4 19
run;
proc freq;
  weight x3;
  table x1*x2 /chisq expected;
run;
```

○ 결과 4-2-1

SAS 시스템

FREQ 프로시저

빈도 기대값 백분율 행 백분율 칼럼 백분율	테이블:x1 * x2				
x1	x2				합계
	1	2	3	4	
1	9 8.61 4.50 21.95 21.43	12 10.865 6.00 29.27 22.64	8 9.43 4.00 19.51 17.39	12 12.095 6.00 29.27 20.34	41 20.50
2	13 11.13 6.50 24.53 30.95	15 14.045 7.50 28.30 28.30	11 12.19 5.50 20.75 23.91	14 15.635 7.00 26.42 23.73	53 26.50

3	9 10.71 4.50 17.65 21.43	16 13.515 8.00 31.37 30.19	12 11.73 6.00 23.53 26.09	14 15.045 7.00 27.45 23.73	51 25.50
4	11 11.55 5.50 20.00 26.19	10 14.575 5.00 18.18 18.87	15 12.65 7.50 27.27 32.61	19 16.225 9.50 34.55 32.20	55 27.50
합계	42 21.00	53 26.50	46 23.00	59 29.50	200 100.00

x1 * x2 테이블에 대한 통계량

통계량	자유도	값	Prob
카이제곱	9	4.2023	0.8976
우도비 카이제곱	9	4.3246	0.8888
Mantel–Haenszel 카이제곱	1	1.1742	0.2785
파이 계수		0.1450	
우발성 계수		0.1435	
크래머의 V		0.0837	

표본 크기 = 200

○ 결과 해석

결과에서 카이제곱값이 4.2023이며, 이때의 Prob 값은 0.8976(0.01 또는 0.05보다 크므로)으로 유의하지 않다. 이 결과는 지역과 종교는 연관성이 없다고 인정된다. 즉 서로 독립적으로 판단한다.

2) 동질성 검정

두 분류기준이 상호 독립적인지를 확인하는 독립성 검정과 비슷하지만 구별하자면 모집단이 같은 곳에서 추출하면 독립성 검정, 모집단이 두 개 이상인 곳에서 표본이 추출되면 동질성 검정을 하는 경우이다.

예 농어촌에 비해 도시의 소득 격차가 심하다는 견해의 정당성 여부를 1% 유의수준에서 판정하고자 할 경우 각 지역에서 100명씩 200명을 무작위로 추출한 표본정보를 다음과 같이 징리하여 동질성 건전을 하여보자.

	도시 (B=1)	농어촌 (B=2)	합계 (C)
저 소득층 (A=1)	30	20	50
중간소득층(A=2)	50	75	125
고 소득층 (A=3)	20	5	25
합계	100	100	200

SAS 프로그램 4-2-2

```
DATA K;
    INPUT A B C;
    admit=1; count=c; output;
    admit=0; count=100-c; output;
    CARDS;
    1 1 30
    2 1 50
    3 1 20
    1 2 20
    2 2 75
    3 2 5
RUN;

proc print;
run;

PROC FREQ;
  weight count;
  TABLE A*B*admit/CHISQ nocol nopercent expected deviation cellchi2;
RUN;
```

◐ 결과 4-2-2

SAS 시스템

OBS	A	B	C	admit	count
1	1	1	30	1	30
2	1	1	30	0	70
3	2	1	50	1	50
4	2	1	50	0	50
5	3	1	20	1	20
6	3	1	20	0	80
7	1	2	20	1	20
8	1	2	20	0	80
9	2	2	75	1	75
10	2	2	75	0	25
11	3	2	5	1	5
12	3	2	5	0	95

위 결과는 SAS 프로그램의

```
proc print;
run;
```

명령으로 출력된 결과이다.

이는 프로그램에서

```
admit=1; count=c; output;
admit=0; count=100-c; output;
```

위의 명령으로 자료가 변형된 것을 나타내기 위하여 출력하였다.

-- 계속 --

SAS 시스템

FREQ 프로시저

빈도 기대값 편차 셀 카이제곱 행 백분율	테이블: 1 번째 B * admit		
	제어 변수: A=1		
B	admit		
	0	1	합계
1	70 75 −5 0.3333 70.00	30 25 5 1 30.00	100
2	80 75 5 0.3333 80.00	20 25 −5 1 20.00	100
합계	150	50	200

1번째 B * admit 테이블에 대한 통계량

제어 변수: A=1

통계량	자유도	값	Prob
카이제곱	1	2.6667	0.1025
우도비 카이제곱	1	2.6807	0.1016
연속성 수정 카이제곱	1	2.1600	0.1416
Mantel−Haenszel 카이제곱	1	2.6533	0.1033
파이 계수		−0.1155	
우발성 계수		0.1147	
크래머의 V		−0.1155	

Fisher의 정확 검정	
(1,1) 셀 빈도(F)	70
하단측 p값 Pr <= F	0.0706
상단측 p값 Pr >= F	0.9641
테이블 확률 (P)	0.0347
양측 p값 Pr <= P	0.1412

표본 크기 = 200

빈도
기대값
편차
셀 카이제곱
행 백분율

	테이블: 2 번째 B * admit		
	제어 변수: A=2		
B	admit		
	0	1	합계
1	50 37.5 12.5 4.1667 50.00	50 62.5 −12.5 2.5 50.00	100
2	25 37.5 −12.5 4.1667 25.00	75 62.5 12.5 2.5 75.00	100
합계	75	125	200

2번째 B * admit 테이블에 대한 통계량
제어 변수: A=2

통계량	자유도	값	Prob
카이제곱	1	13.3333	0.0003
우도비 카이제곱	1	13.5288	0.0002
연속성 수정 카이제곱	1	12.2880	0.0005
Mantel–Haenszel 카이제곱	1	13.2667	0.0003
파이 계수		0.2582	
우발성 계수		0.2500	
크래머의 V		0.2582	

Fisher의 정확 검정	
(1,1) 셀 빈도(F)	50
하단측 p값 Pr <= F	0.9999
상단측 p값 Pr >= F	0.0002
테이블 확률 (P)	0.0001
양측 p값 Pr <= P	0.0004

표본 크기 = 200

테이블: 3 번째 B * admit			
제어 변수: A=3			
B	admit		
	0	1	합계
1	80	20	100
	87.5	12.5	
	−7.5	7.5	
	0.6429	4.5	
	80.00	20.00	

2	95	5	100
	87.5	12.5	
	7.5	−7.5	
	0.6429	4.5	
	95.00	5.00	
합계	175	25	200

3번째 B * admit 테이블에 대한 통계량

제어 변수 : A=3

통계량	자유도	값	Prob
카이제곱	1	10.2857	0.0013
우도비 카이제곱	1	10.9245	0.0009
연속성 수정 카이제곱	1	8.9600	0.0028
Mantel−Haenszel 카이제곱	1	10.2343	0.0014
파이 계수		−0.2268	
우발성 계수		0.2212	
크래머의 V		−0.2268	

Fisher의 정확 검정	
(1,1) 셀 빈도(F)	80
하단측 p값 Pr <= F	0.0011
상단측 p값 Pr >= F	0.9998
테이블 확률 (P)	0.0009
양측 p값 Pr <= P	0.0022

표본 크기 = 200

○ 결과 해석

결과에서 소득층별 결과가 각각 출력된다. 저소득층(A=1)은 카이제곱의 Prob 값이 0.1025으로 유의하지 않으므로 같은 결과로 인정되며, 중간소득층(A=2)에서는 카이제곱의 Prob 값이0.0003으로 1% 수준에서 유의하므로 차이가 인정되었다. 그리고 고소득층(A=3)에서는 카이제곱의 Prob 값이 0.0013으로 1% 수준의 유의성이 나타나 차이가 인정된다. 결과적으로 저소득층은 지역에 대한 차이가 없으나 중간소득층과 고소득층은 지역에 대한 차이가 있다고 판단할 수 있다.

상관분석
Correlation

두 변수 또는 여러 변수 간에 독립변수와 종속변수를 구별하지 않고, 단지 밀접도만을 측정하는 것으로 그 범위는 −1과 1 사이이며, −1에 가까울수록 두 변수 간에 음의 상관관계를 나타내고 1에 가까울수록 정의 선형적 상관관계, 0에 가까울수록 무상관으로 나타난다. 즉 한 변수(독립변수)가 증가하면 다른 변수(종속변수)가 증가한다든지(양의 상관), 독립변수가 증가하면 종속변수가 감소하는(음의 상관) 정도를 숫자로 표현한 것이다. 다음 장의 회귀분석과 밀접한 관계를 가지고 있다.

자료가 서열척도인 경우에는 spearman, kandall을 이용하고, 연속형 자료일 경우는 pearson 방법을 이용하나, SAS에서는 option을 지정하지 않으면 자동적으로 perason 상관분석을 하게 된다.

Pearson : 모수통계에서 상관계수
Kendall : 비모수통계에서 상관계수 (순위 상관계수/서열척도 상관계수)
Spearman : 비모수통계에서 순위 상관계수

상관분석이란 두 변수가 선형적 상관관계가 있는지와 그 강도를 측정하는 방안에 국한된 것이므로 두 변수의 관계가 선형적이 아닐 경우는 그 의미가 없다.

SAS 프로그램 5

```
ods graphics on;
proc corr data=Fitness pearson spearman kendall hoeffding
          plots=matrix(histogram);
    var age weight oxy runtime rstpulse runpulse maxpulse;
run;
```

● 결과 5

SAS 시스템

CORR 프로시저

7 개의 변수:	age weight oxy runtime rstpulse runpulse maxpulse

단순 통계량						
변수	N	평균	표준편차	중위수	최솟값	최댓값
age	31	47.67742	5.21144	48.00000	38.00000	57.00000
weight	31	77.44452	8.32857	77.45000	59.08000	91.63000
oxy	31	47.37581	5.32723	46.77400	37.38800	60.05500
runtime	31	10.58613	1.38741	10.47000	8.17000	14.03000
rstpulse	31	53.45161	7.61944	52.00000	40.00000	70.00000
runpulse	31	169.64516	10.25199	170.00000	146.00000	186.00000
maxpulse	31	173.77419	9.16410	172.00000	155.00000	192.00000

피어슨 상관 계수, N = 31						
H0: Rho=0 가정하에서 Prob $>$ |r|						
	age	weight	oxy	runtime	rstpulse	runpulse	maxpulse
age	1.00000	−0.23354 0.2061	−0.30459 0.0957	0.18875 0.3092	−0.1641 0.3777	−0.33787 0.0630	−0.43292 0.0150
weight	−0.23354 0.2061	1.00000	−0.16275 0.3817	0.14351 0.4412	0.04397 0.8143	0.18152 0.3284	0.24938 0.1761

oxy	−0.30459 0.0957	−0.16275 0.3817	1.00000	−0.86219 <.0001	−0.39936 0.0260	−0.39797 0.0266	−0.23674 0.1997
runtime	0.18875 0.3092	0.14351 0.4412	−0.86219 <.0001	1.00000	0.45038 0.011	0.31365 0.0858	0.2261 0.2213
rstpulse	−0.1641 0.3777	0.04397 0.8143	−0.39936 0.0260	0.45038 0.0110	1.00000	0.35246 0.0518	0.30512 0.0951
runpulse	−0.33787 0.0630	0.18152 0.3284	−0.39797 0.0266	0.31365 0.0858	0.35246 0.0518	1.00000	0.92975 <.0001
maxpulse	−0.43292 0.0150	0.24938 0.1761	−0.23674 0.1997	0.2261 0.2213	0.30512 0.0951	0.92975 <.0001	1.00000

스피어만 상관 계수, N = 31							
H0: Rho=0 가정하에서 Prob > |r|							
	age	weight	oxy	runtime	rstpulse	runpulse	maxpulse
age	1.00000	−0.16152 0.3853	−0.18351 0.3231	0.15883 0.3934	−0.11766 0.5285	−0.2981 0.1033	−0.38682 0.0316
weight	−0.16152 0.3853	1.00000	−0.09318 0.6181	0.07483 0.6891	−0.02958 0.8745	0.07541 0.6868	0.1426 0.4441
oxy	−0.18351 0.3231	−0.09318 0.6181	1.00000	−0.80806 <.0001	−0.38028 0.0348	−0.43748 0.0138	−0.32239 0.0769
runtime	0.15883 0.3934	0.07483 0.6891	−0.80806 <.0001	1.00000	0.48618 0.0056	0.2839 0.1217	0.2058 0.2667
rstpulse	−0.11766 0.5285	−0.02958 0.8745	−0.38028 0.0348	0.48618 0.0056	1.00000	0.36765 0.0419	0.32634 0.0732
runpulse	−0.2981 0.1033	0.07541 0.6868	−0.43748 0.0138	0.2839 0.1217	0.36765 0.0419	1.00000	0.93152 <.0001
maxpulse	−0.38682 0.0316	0.1426 0.4441	−0.32239 0.0769	0.2058 0.2667	0.32634 0.0732	0.93152 <.0001	1.00000

켄달 타우 b 상관 계수, N = 31						
H0: Tau=0 가정하에서 Prob > |tau|						
	age	weight	oxy	runtime	rstpulse	runpulse	maxpulse
---	---	---	---	---	---	---	---
age	1.00000	−0.11102 0.3930	−0.12380 0.3390	0.10170 0.4322	−0.07248 0.5829	−0.20682 0.1186	−0.28867 0.0303
weight	−0.11102 0.3930	1.00000	−0.04104 0.7466	0.02808 0.8250	−0.01992 0.8777	0.03553 0.7846	0.09177 0.4826
oxy	−0.12380 0.3390	−0.04104 0.7466	1.00000	−0.62581 <.0001	−0.26219 0.0420	−0.29625 0.0221	−0.22063 0.0902
runtime	0.10170 0.4322	0.02808 0.8250	−0.62581 <.0001	1.00000	0.36354 0.0048	0.21224 0.1011	0.18943 0.1457
rstpulse	−0.07248 0.5829	−0.01992 0.8777	−0.26219 0.0420	0.36354 0.0048	1.00000	0.27180 0.0394	0.22604 0.0886
runpulse	−0.20682 0.1186	0.03553 0.7846	−0.29625 0.0221	0.21224 0.1011	0.27180 0.0394	1.00000	0.83851 <.0001
maxpulse	−0.28867 0.0303	0.09177 0.4826	−0.22063 0.0902	0.18943 0.1457	0.22604 0.0886	0.83851 <.0001	1.00000

호에프딩 종속 계수, N = 31						
H0: D=0 가정하에서 Prob > D						
	age	weight	oxy	runtime	rstpulse	runpulse	maxpulse
---	---	---	---	---	---	---	---
age	0.85874 <.0001	−0.01474 0.9275	−0.01678 0.9789	−0.01100 0.7805	−0.01367 0.8914	0.00166 0.3232	0.02563 0.0673
weight	−0.01474 0.9275	0.97690 <.0001	−0.00964 0.7192	−0.02090 1.00000	−0.00712 0.6085	−0.01475 0.9278	−0.01502 0.9359
oxy	−0.01678 0.9789	−0.00964 0.7192	1.00000	0.23994 <.0001	0.02831 0.0574	0.03378 0.0416	0.00880 0.1963
runtime	−0.01100 0.7805	−0.02090 1.00000	0.23994 <.0001	1.00000	0.07329 0.0046	0.02230 0.0825	0.04280 0.0248
rstpulse	−0.01367 0.8914	−0.00712 0.6085	0.02831 0.0574	0.07329 0.0046	0.87441 <.0001	0.05751 0.0109	0.04812 0.0184

runpulse	0.00166	−0.01475	0.03378	0.02230	0.05751	0.85471	0.51109
	0.3232	0.9278	0.0416	0.0825	0.0109	<.0001	<.0001
maxpulse	0.02563	−0.01502	0.00880	0.04280	0.04812	0.51109	0.79183
	0.0673	0.9359	0.1963	0.0248	0.0184	<.0001	<.0001

산점도 행렬

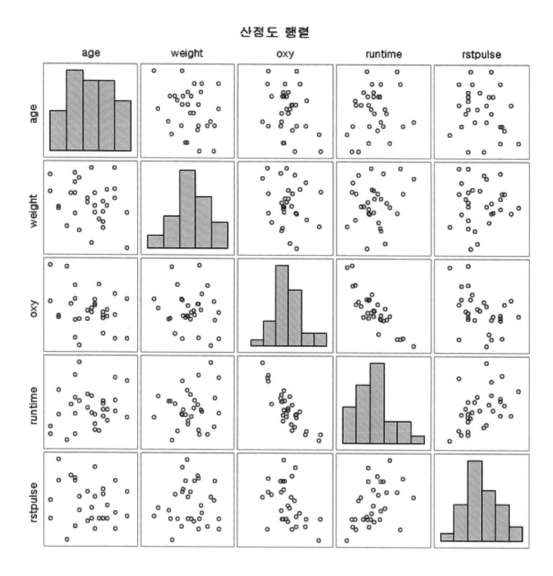

○ 결과 해석

결과는 option에 의해 pearson, spearman, kandall-tau의 3가지로 나누어 설명할 수 있다. Pearson correation에서 maxpulse와 runpulse는 0.93으로 아주 높은 양의 상관관계를 가지고 있으면서 p값도 0.0001로서 매우 유의하다. 물론, spearman, kandall-tau 유사하게 강한 양의 상관관계를 보였고, hoeffding 종속 계수에서는 상관계수가 0.51109로 낮았다. 일반석으로 자연괴학 자료에서는 pearson 방법이 주로 사용되며 자료의 형태와 특별한 요구가 있을 때, spearman, kandall-tau 방법들을 사용한다.

T 검정
T-Test

T 검정은 크게 2가지로 나눌 수 있다. 비교 대상이 대응하고 있지 않은 경우와 대응하고 있는 경우의 T 검정이 있다. T 검정은 표본의 수가 30개 이하인 경우에 사용하고, 30개 이상인 경우는 Z 검정을 이용하며, 표본(처리)의 수가 3개 이상인 경우는 분산분석을 통해 검정해야만 한다.

1. 대응하고 있지 않은 경우의 T 검정

한 모집단에서 두 개의 표본을 선택하여 이 두 표본 사이에 평균의 차이가 있는지를 분석하거나 두 개의 모집단에서 각각 한 표본씩을 골라 두 표본 간에 평균 차이를 분석하는 일반적으로 사용되는 방법이다.

SAS 프로그램 6-1

```
proc ttest data=newgraze;
    class GrazeType;
    var WtGain;
run;
```

◐ 결과 6-1

SAS 시스템

The TTEST Procedure

Variable: WtGain

GrazeType	N	Mean	Std Dev	Std Err	Minimum	Maximum
continuous	16	75.1875	33.8117	8.4529	12.0000	130.0
controlled	16	83.1250	30.5350	7.6337	28.0000	128.0
Diff (1-2)		-7.9375	32.2150	11.3897		

GrazeType	Method	Mean	95% CL Mean		Std Dev	95% CL Std Dev	
continuous		75.1875	57.1705	93.2045	33.8117	24.9768	52.3300
controlled		83.1250	66.8541	99.3959	30.5350	22.5563	47.2587
Diff (1-2)	Pooled	-7.9375	-31.1984	15.3234	32.2150	25.7434	43.0609
Diff (1-2)	Satterthwaite	-7.9375	-31.2085	15.3335			

Method	Variances	DF	t Value	Pr > |t|
Pooled	Equal	30	-0.70	0.4912
Satterthwaite	Unequal	29.694	-0.70	0.4913

Equality of Variances				
Method	Num DF	Den DF	F Value	Pr > F
Folded F	15	15	1.23	0.6981

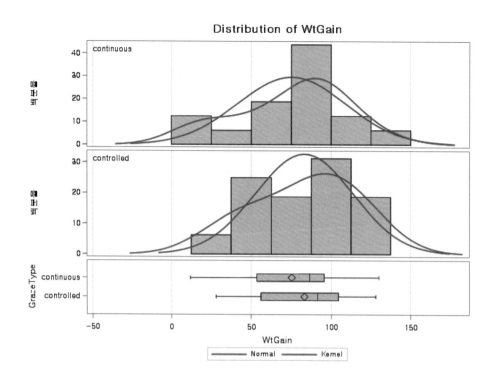

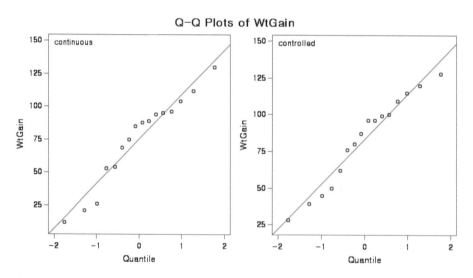

○ 결과 해석

T 검정의 결과는 먼저 'Equality of Variances' table의 Pr > F값이 유의한지를 확인한다. 0.6981로 유의하지 않으므로 Equal 열의 Pr > |t| 값을 확인한다. 0.4912로써, 유의하지 않으므로 GrazeType 별로 WtGain의 차이는 없다고 판단한다. 만약, 'Equality of Variances' table의 Pr > F값이 유의하다면 Unequal 열의 Pr > |t| 값을 확인한다.

2. 대응하고 있는 T 검정

대응하고 있는 T 검정의 조건은 대단히 까다롭다. 사람에 대한 조사는 같은 사람의 오전 과 오후를 조사한 자료이거나, 시간과 관계가 없는 결정에 대한 친성·반대를 조사한 자료 의 비교를 원하거나, 일란성 쌍생아에 대한 치료 약물에 조사 등과 동물에 대한 조사는 같 은 어미에서 태어난 일란성 쌍둥이의 조사가 될 때만 가능하다.

SAS 프로그램 6-2

```
data pressure;
    input SBPbefore SBPafter @@;
    datalines;
120 128    124 131    130 131    118 127
140 132    128 125    140 141    135 137
126 118    130 132    126 129    127 135
run;
ods graphics on;
proc ttest;
    paired SBPbefore*SBPafter;
run;
ods graphics off;
```

◯ 결과 6-2

SAS 시스템

The TTEST Procedure

Difference: SBPbefore − SBPafter

N	Mean	Std Dev	Std Err	Minimum	Maximum
12	−1.8333	5.8284	1.6825	−9.0000	8.0000

Mean	95% CL Mean		Std Dev	95% CL Std Dev	
−1.8333	−5.5365	1.8698	5.8284	4.1288	9.8958

DF	t Value	Pr > |t|
11	−1.09	0.2992

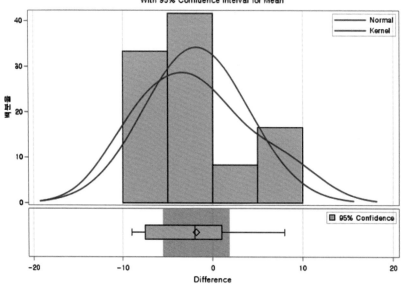

Distribution of Difference: SBPbefore − SBPafter
With 95% Confidence Interval for Mean

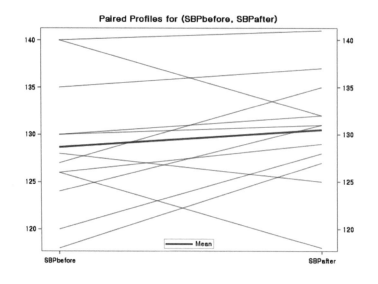

Paired Profiles for (SBPbefore, SBPafter)

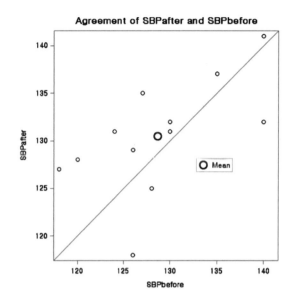

Agreement of SBPafter and SBPbefore

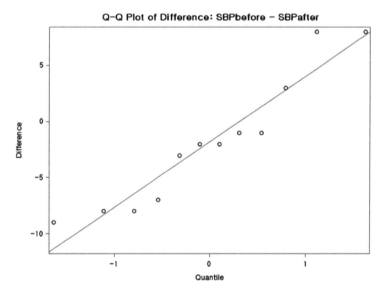

Q-Q Plot of Difference: SBPbefore - SBPafter

❍ 결과 해석

'Pr > |t|'값이 0.2992이므로 처리 전과 처리 후의 비교에서 서로 간에 유의성이 없다. 즉 처리 유·무에 관계없이 같은 결과가 나타난 것으로 판단한다.

※ 자료 처리에 도움이 되는 사항

자료를 보다 효율적으로 처리하려면 다음과 같은 사용법을 읽혀 두는 것이 도움이 된다.

SAS에서의 사칙 및 logical operators 표현

**		제곱
*		곱하기
/		나누기
+		더하기
-		빼기
=	EQ	equal to
^=	NE	not equal to
>	GT	greater than
<	LT	less then
>=	GE	greater then or equal to
<=	LE	less then equal to
&	AND	
¦	OR	
^	NOT	

SAS 프로그램 ※

```
data one;
input a b c $;
d = a + b;
e = a - b;
f = a * b;
g = a / b;
h = a ** b;
i = b ** 5;
if a = b then j = 'B';
    else j = 'A';
```

```
if b ^= 2 then k ='NO';
    else k = 10;
if b > 2 then m = 50;
if b = 1 or b = 2 then l = 'GOOD';
cards;
 4 1 a
 5 2 b
 6 3 c
;
proc print;
run;
```

○ 결과 ※

SAS 시스템

OBS	a	b	c	d	e	f	g	h	i	j	k	m	l
1	4	1	a	5	3	4	4.0	4	1	A	NO	.	GOOD
2	5	2	b	7	3	10	2.5	25	32	A	10	.	GOOD
3	6	3	c	9	3	18	2.0	216	243	A	NO	50	

자료 중에서 어떠한 공식에 의하여 계산되는 값이 필요할 경우, SAS에서 복잡한 공식이라도 계산할 수 있다.

분산분석

Analysis of variance

1. 분산분석

두 그룹 간에 관계는 T 검정에 의하여 유의성 검정을 하지만 두 그룹 이상일 경우에는 분산분석(ANOVA)을 이용하여 그룹 간에 유의성 검정을 해야만 한다.

$$a = 처리수 \quad K = 반복수 \quad T = 처리의 합$$

$$CF = \left(\sum xi\right)^2 / n$$

$$SS_T = \sum xi^2 - CF$$

$$SS_V = \frac{\sum Ti^2}{K} - CF$$

$$SS_E = SS_T - SS_V$$

$$MS_V = \frac{SS_V}{a-1}$$

$$MS_E = \frac{SS_E}{n-a}$$

$$F = \frac{MS_V}{MS_E}$$

68 통계의 이해 _ understanding of statistics

	df	SS	MS	F
Total	$n-1$	SS_T		
Treatment	$a-1$	SS_V	MS_V	F
Error	$n-a$	SS_E	MS_E	

분산분석의 계산에서 보면 동일한 처리수를 가지고 있는 실험 자료에서 반복수(n)를 늘려가게 되면 Error에 자유도(df, Degree of Freedom)가 커지며, MS_E값은 $MS_E = \dfrac{SS_E}{n-a}$ 이므로 반복수(n)가 커지게 되면 MS_E값은 작아지게 된다. $F = \dfrac{MS_V}{MS_E}$ 이므로 결과적으로 F 값은 커지게 된다. 이것은 반복수가 많아야 유의성을 얻기 쉽게 됨을 알려주고 있다. 그러나 반복수는 끝없이 늘려갈 수 있는 것이 아니므로 실험에 따라 고려해야 하지만, 되도록 반복수가 많은 자료를 만들어 가는 것이 유의성을 얻는데 도움이 된다.

다중비교(Multiple comparison)

비교 대상이 2개 이상이므로 분산분석에서 분석되는 전체적인 차이에 대한 유의성의 비교는 큰 의미가 없게 된다. 각각 서로 간에 비교를 위해서는 다중비교가 필요하다. 그러나 이 다중비교의 방법은 여러 가지가 있고 각각의 특성을 가지고 있다.

SAS 프로그램 7

```
title1 'Nitrogen Content of Red Clover Plants';
data Clover;
   input Strain $ Nitrogen @@;
   datalines;
3DOK1  19.4 3DOK1  32.6 3DOK1  27.0 3DOK1  32.1 3DOK1  33.0
3DOK5  17.7 3DOK5  24.8 3DOK5  27.9 3DOK5  25.2 3DOK5  24.3
3DOK4  17.0 3DOK4  19.4 3DOK4   9.1 3DOK4  11.9 3DOK4  15.8
3DOK7  20.7 3DOK7  21.0 3DOK7  20.5 3DOK7  18.8 3DOK7  18.6
3DOK13 14.3 3DOK13 14.4 3DOK13 11.8 3DOK13 11.6 3DOK13 14.2
COMPOS 17.3 COMPOS 19.4 COMPOS 19.1 COMPOS 16.9 COMPOS 20.8
;
```

```
proc means mean std stderr;
class strain;
run;

proc anova data=Clover;
   class Strain;
   model Nitrogen = Strain;
   means Strain / tukey;
run;
```

�‌O 결과 7

Nitrogen Content of Red Clover Plants

MEANS 프로시저

분석 변수 : Nitrogen				
Strain	관측값 수	평균	표준편차	표준오차
3DOK1	5	28.8200000	5.8001724	2.5939160
3DOK13	5	13.2600000	1.4275854	0.6384356
3DOK4	5	14.6400000	4.1161876	1.8408150
3DOK5	5	23.9800000	3.7771683	1.6892010
3DOK7	5	19.9200000	1.1300442	0.5053712
COMPOS	5	18.7000000	1.6015617	0.7162402

Nitrogen Content of Red Clover Plants

The ANOVA Procedure

Class Level Information		
Class	Levels	Values
Strain	6	3DOK1 3DOK13 3DOK4 3DOK5 3DOK7 COMPOS

Number of Observations Read	30
Number of Observations Used	30

Nitrogen Content of Red Clover Plants
The ANOVA Procedure

Dependent Variable: Nitrogen

Source	DF	Sum of Squares	Mean Square	F Value	Pr > F
Model	5	847.046667	169.409333	14.37	<.0001
Error	24	282.928000	11.788667		
Corrected Total	29	1129.974667			

R–Square	Coeff Var	Root MSE	Nitrogen Mean
0.749616	17.26515	3.433463	19.88667

Source	DF	Anova SS	Mean Square	F Value	Pr > F
Strain	5	847.0466667	169.4093333	14.37	<.0001

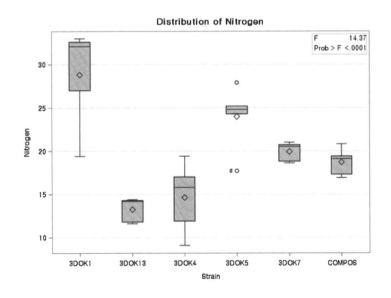

Distribution of Nitrogen

Nitrogen Content of Red Clover Plants

The ANOVA Procedure

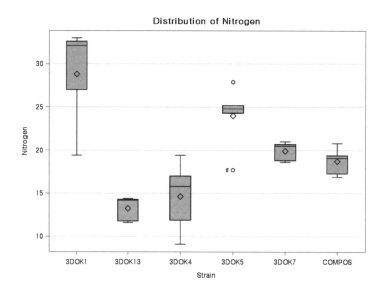

Distribution of Nitrogen

Nitrogen Content of Red Clover Plants

The ANOVA Procedure

Tukey's Studentized Range (HSD) Test for Nitrogen

Note:	This test controls the Type I experimentwise error rate, but it generally has a higher Type II error rate than REGWQ.

Alpha	0.05
Error Degrees of Freedom	24
Error Mean Square	11.78867
Critical Value of Studentized Range	4.37265
Minimum Significant Difference	6.7142

Means with the same letter are not significantly different.				
Tukey Grouping		Mean	N	Strain
	A	28.820	5	3DOK1
	A			
B	A	23.980	5	3DOK5
B				
B	C	19.920	5	3DOK7
B	C			
B	C	18.700	5	COMPOS
	C			
	C	14.640	5	3DOK4
	C			
	C	13.260	5	3DOK13

● 결과 해석

Strain 별 비교에서 분산분석표를 보면 Pr > F값이 <.0001이므로 Strain 간에 1%의 고도의 유의성이 인정된다. 각 Strain 간에 통계적 차이를 알아보기 위하여 Tukey 검정을 하였다. 그 결과, 평균값이 큰 순서로 나타나며 Strain 중 3DOK1의 평균값이 가장 크고, 다음 3DOK5, 3DOK7, COMPOS, 3DOK4, 3DOK13 순으로 정리되었다. 3DOK1와 3DOK5는 유의성이 없으며, 3DOK5와 3DOK7도 유의성이 없으나, 3DOK1과 3DOK7는 유의성이 있다. 이를 정리하여 보면 다음 표와 같다.

3DOK1	3DOK5	3DOK7	COMPOS	3DOK4	3DOK13
28.820 ± 5.80^{A}	23.980 ± 3.78^{AB}	19.920 ± 1.13^{BC}	18.700 ± 1.60^{BC}	14.640 ± 4.12^{C}	13.260 ± 1.43^{C}

최종 결과는 첨자로 구분을 하는데 첨자가 같은 것들은 유의성이 없으며 첨자가 다른 것들 간에는 유의성이 있다. 그러면 어느 정도의 유의성이 있는가는 분산분석표에서 Pr > F

값이 <.0001이므로 1%의 고도의 유의성이 있다.

예에서는 Tukey 검정을 하였지만 이러한 검정법은 여러 가지가 있고 각각의 자료 특성에 따라 방법을 결정하지만, 일반적으로는 DUNCAN 방법을 많이 사용한다.

각 방법의 사용법은 다음과 같다.

```
means Strain / LSD DUNCAN tukey;
```

표와 같이 수정하면 같은 자료에 대하여 LSD, DUNCAN, TUKEY 검정을 각각 하여 준다. 모든 방법의 결과를 읽는 방법 및 논문에 사용하는 방법은 동일하다.

2. 각 사후검정 방법의 특징

1) LSD (Least Significant Difference) 검정법

LSD 검정은 T-test에 근거한 이해하기 쉽고 사용하기에 간편하지만, 실제의 유의수준은 α가 아니라 그보다 크게 된다. 예를 들면 5종류의 처리에 대하여 평균 반응치의 차이를 비교할 때 실제로는 평균 반응치가 모두 같은 경우에도 하나 이상의 평균 반응치가 유의하다고 판정할 확률은 5%(=α)가 아니라 63%나 된다. 각 처리 간에 최소유의차를 동일하게 계산하고 있다.

2) Tukey 검정법

Tukey 검정법은 1953년 John Tukey에 의하여 제안된 방법으로 Studentized range distribution에 기초한 Tukey의 HSD (Honestly Significant Difference) 검정법이라고도 한다. 이 검정법은 모든 집단의 반복 수가 같아야 하고 평균치 간에 1대 1의 짝의 비교를 하고자 할 때는, Scheffe 검정법보다 강력할 수 있다. 그러나 Tukey의 HSD 검정법은 Newman-Keuls의 방법이나 Duncan 검정법보다 유의한 차이로 나오는 것이 적으며 평균치의 서열을 고려하지 않고 한 개의 기준치를 사용한다는 의미에서 비계열적인 방법이며, 다른 Pairwise comparison 방법에 비하여 강력하지 못하다.

3) Duncan 검정법

Duncan 검정법은 1955년 David B. Duncan에 의해 고안된 방법으로 흔히 Duncan's new Multiple Range Test (Duncan의 MRT test 또는 DMRT)라고 부르기도 한다. 계열적인 면에서는 Newman-Keuls의 방법과 비슷하다. 그러나 평균들의 크기별 등위를 정하고, critical range를 적용하여 등위에서 다음과 비교할 때는 첫 번째 critical range를 적용하고 등위에서 다음, 다음과 비교할 때는 두 번째 critical range를 이용하는 방법이 특징이다. Duncan 검정법에서 사용하는 유의수준은 $1-(1-a)^{K-1}$을 사용해서 계산하므로, 평균들이 등위로 보아 떨어져 있으면 있을수록 유의수준은 관대해 진다.

4) Scheffe 검정법

Tukey 방법과 같이 일반적인 비교를 위해서 사용되는 방법으로 FWE (Familywise Error)를 모든 경우에서 조절해준다. 이러한 이유로 다른 방법에 비하여 가장 좁은 신뢰구간을 설정해 주어 유의성을 얻기 어려운 방법이나 처음부터 반복수가 다른 경우를 고려한 방법이므로 선호되기도 한다. 그리고 이 방법은 검증력이 강한 검증법이라기 보다는 대단히 보수적인 방법이다. 다른 방법에 비하여 최소유의차의 값이 크게 계산되므로 검증력은 엄격하지만 근소한 두 평균치의 차를 검출하는데 있어 불리한 단점을 가지고 있다.

5) 처리 평균 간에 다중비교에서 각 방법에 따른 차이 비교

계산 과정에서 Minimum significant difference (MSD)의 값이 크면 유의성이 나타나기 어렵고 값이 작으면, 보다 관대한 유의성을 보이는데, 임계치의 계산 형태와 각각 다른 분포를 이용하므로 비교 값은 여러 방법들이 다르게 계산된다. 이는 각 방법의 특성을 보여주고 있는 것이며, 자료의 형태에 따라서, 보다 합리적인 결과를 얻으려 하는 통계학자들의 노력에 일환이라 생각된다.

결론적으로 Tukey 방법은 처리의 반복 수가 같을 때 유용하며, 처리의 반복 수가 다른 경우는 Scheffe 방법이 이용될 수 있으나 Scheffe 방법은 MSD의 값이 다른 방법에 비하여 매우 크므로 유의성을 얻기 어려워서 미세한 평균의 차이를 검정하지 못하는 단점이 있어 고려해야 한다. 또한, 각 처리의 간격을 같지 않다고 보는 경우는 Duncan's Multiple Range Test가 적절하다고 생각되나 이는 Tukey 방법에 비하여 미세한 평균의 차이를 검출할 수 있는 장점과 함께 순위에서 멀어지면 유의성에 관대해지는 단점도 있다.

Duncan's Multiple Range Test 방법과 Ryan-Einot-Gabriel-Welsch Multiple Range Test 방법에서는 각 처리 간에 critical range를 따로 계산하는데 이는 각 처리들 사이에 간격을 동일하게 보지 않는 결과이다. 대체적으로 처리들의 평균값의 크기순으로 나열하여 큰 값부터 다음 값을 비교하고 또 그다음 값을 비교하게 되는데, 순위가 멀어질수록 값은 커지게 된다. Ryan-Einot-Gabriel-Welsch Multiple Range Test 방법보다 Duncan's Multiple Range Test 방법의 값이 적어 미세한 평균의 차이를 나타낼 수 있는 장점이 있다.

모든 방법이 공인된 방법이므로 어느 방법을 이용하여도 큰 문제는 없겠으나 나타난 결과만을 생각하여 특정 방법을 이용하는 것은 오류를 범할 수 있는 경우가 많아지므로 이론적인 배경을 검토하여 적절한 방법을 선택해야 한다. 즉, 여러 방법들은 공인된 방법으로 어느 것이 좋고 나쁜 것이 아니라 자료의 특성에 따라 선택적으로 사용해야 한다. Range가 큰 자료는 MSD가 큰 방법(Scheffe)을 선택해야 하는 것이 타당하다.

평균의 다중비교에서 각각의 방법에 따른 최소유의 범위의 차이

	Tukey	LSD	Duncan
표준오차	$S\bar{x} = \sqrt{\dfrac{MS_E}{K}}$	$S\bar{d} = \sqrt{\dfrac{MS_E}{K_1} + \dfrac{MS_E}{K_2}} = \sqrt{\dfrac{2MS_E}{K}}$	$S\bar{x} = \sqrt{\dfrac{MS_E}{K}}$
Distribution	Student화 Q분포 $Q(4,16) = 4.05$	5% 수준의 t 분포 $t(0.05,16) = 2.12$	5%수준의 Duncan's Student화 분포
Minimum Significant Difference	48.68	36.04	36.06 37.74 38.94

6) 검정 방법에 따라 다른 최소유의범위(Minimum Significant Difference) 차이로 인한 Grouping 차이

	Method (SAS Option)	Critical value (MSD)	Grouping
Critical value	Waller–Duncan K–ratio t Test (waller)	2.01 (34.24)	D C CB A
Critical value	T–Test (lsd)	2.12 (36.04)	D C CB A
Critical value	Tukey's Studentized Range Test (tukey)	4.05 (48.64)	D CBA
Critical value	Studentized Maximum Modulus Test (gt2)	2.97 (50.48)	D CBA
Critical value	Sidak t Test (sidak)	2.30 (50.97)	D CBA
Critical value	Bonferroni t Test (bon)	3.01 (51.14)	D CBA
Critical value	Scheffe's Test (scheffe)	3.24 (52.99)	D CBA
Critical range	Duncan's Multiple Range Test (duncan)	36.06 37.79 38.88	D CBA
Critical range	Ryan–Einot–Gabriel–Welsch Multiple Range Test (regwq)	41.93 43.86 48.63	D CBA

처리 평균 간에 차이 비교는 비교의 기준이 되는 MSD 값을 계산하는 방법이 달라 각 방법에 따라 MSD 값이 다르므로 분석 결과는 다르게 나타난다. 만약, 자료의 변이가 클 수밖에 없는 자료는 MSD 값이 큰 Scheffe 검정법을 사용하는 것이 적당한 것이고, 처리 간에 미세한 차이를 확인하고자 할 때는 LSD 방법과 같은 MSD 값이 작은 방법을 선택하는 것이 적절하다.

7) 처리구의 추가, 삭제가 특정 처리 간 유의성에 미치는 영향

① 기본 Data

처리구	T1	T2	T3	T4	T5
반복1	1019	975	983	909	868
반복2	980	944	948	927	931
반복3	939	922	883	935	936
반복4	983	952	937	883	880
반복5	1024	986	959	877	918
반복6	1029	989	988	968	966
반복7	970	939	957	957	929
반복8	1046	1001	1017	967	928
반복9	1000	965	958	961	932
반복10	1095	1064	964	973	961

평 균	1008.5	973.7	959.4	935.7	924.9
표준편차	44.10404	40.26592	35.26156	35.77724	30.78762

② 기본 Data에서 T5를 삭제한 Data

처리구	T1	T2	T3	T4
반복1	1019	975	983	909
반복2	980	944	948	927
반복3	939	922	883	935
반복4	983	952	937	883
반복5	1024	986	959	877
반복6	1029	989	988	968
반복7	970	939	957	957
반복8	1046	1001	1017	967

반복9	1000	965	958	961
반복10	1095	1064	964	973

평균	1008.5	973.7	959.4	935.7
표준편차	44.10404	40.26592	35.26156	35.77724

③ 기본 Data에서 T5를 삭제하고 T0를 추가한 Data

처리구	T0	T1	T2	T3	T4
반복1	1030	1019	975	983	909
반복2	989	980	944	948	927
반복3	953	939	922	883	935
반복4	995	983	952	937	883
반복5	1039	1024	986	959	877
반복6	1037	1029	989	988	968
반복7	979	970	939	957	957
반복8	1057	1046	1001	1017	967
반복9	1017	1000	965	958	961
반복10	1104	1095	1064	964	973

평균	1020	1008.5	973.7	959.4	935.7
표준편차	43.38459	44.10404	40.26592	35.26156	35.77724

Data①의 기초 통계량 (1)

Treatment	T1	T2	T3	T4	T5
Total	10085	9737	9594	9357	9249
N	10	10	10	10	10
STD	44.10	40.27	35.26	35.78	30.79
STDERR	13.95	12.73	11.15	11.31	9.74

Data②의 기초 통계량 (2)

Treatment	T1	T2	T3	T4
Total	10085	9737	9594	9357
N	10	10	10	10
STD	44.10	40.27	35.26	35.78
STDERR	13.95	12.73	11.15	11.31

Data③의 기초 통계량 (3)

Treatment	T0	T1	T2	T3	T4
Total	10200	10085	9737	9594	9357
N	10	10	10	10	10
STD	43.38	44.10	40.27	35.26	35.78
STDERR	13.72	13.95	12.73	11.15	11.31

Data①의 다중검정 grouping (1)

Treatment	T1	T2	T3	T4	T5
MEAN±SE	1008.5±13.95	973.7±12.73	959.4±11.15	935.7±11.31	924.9±9.74
LSD	A	B	BC	CD	D
TUKEY	A	AB	BC	BC	C
DUNCAN	A	B	BC	C	C

Data②의 다중검정 grouping (2)

Treatment	T1	T2	T3	T4
MEAN±SE	1008.5±13.95	973.7±12.73	959.4±11.15	935.7±11.31
LSD	A	AB	BC	C
TUKEY	A	AB	B	B
DUNCAN	A	AB	BC	C

Data③의 다중검정 grouping (3)

Treatment	T0	T1	T2	T3	T4
MEAN±SE	1020.0±13.72	1008.5±13.95	973.7±12.73	959.4±11.15	935.7±11.31
LSD	A	AB	BC	CD	D
TUKEY	A	AB	ABC	BC	C
DUNCAN	A	AB	BC	CD	D

T1과 T2 사이 비교에서 자료는 같지만, 추가와 삭제된 처리로 인하여 Grouping (1)과 Grouping (2) 그리고 Grouping (3) 검정 결과가 다르게 나타난다.

Data ①의 Critical Value, Critical Range, LSD 그리고 MSD (1)

Method		Value
LSD	Critical Value of t Least Significant Difference	2.01410 33.793
TUKEY	Critical Value of Studentized Range Minimum Significant Difference	4.01842 47.675
DUNCAN	Critical (Least Significant) Range	33.79 35.54 36.68 37.51

Data②의 Critical Value, Critical Range, LSD 그리고 MSD (2)

Method		Value		
LSD	Critical Value of t Least Significant Difference	2.02809 35.39		
TUKEY	Critical Value of Studentized Range Minimum Significant Difference	3.80880 46.996		
DUNCAN	Critical(Least Significant) Range	35.39	37.20	38.39

Data③의 Critical Value, Critical Range, LSD 그리고 MSD (3)

Method		Value			
LSD	Critical Value of t Least Significant Difference	2.01410 35.967			
TUKEY	Critical Value of Studentized Range Minimum Significant Difference	4.01842 50.741			
DUNCAN	Critical(Least Significant) Range	35.97	37.82	39.04	39.92

각 방법에 따라 비교하는 기준값이 다르기 때문에 유의성에 차이가 나게 된다. 그러나 같은 비교 방법이더라도 처리구의 추가와 제거에 따라 유의성의 변화가 나타나는데 이것은 전체 N 수의 변화와 함께 처리 내의 각 숫자의 합($\sum xi$), 그 합의 제곱($\sum xi)^2$ 그리고 각 숫자의 제곱 합($\sum xi^2$) 등이 사용된다. 이때 전체적인 유의성에 문제는 없겠으나 Least Significant Difference, Minimum Significant Difference 그리고 Critical Range의 계산 값들의 변화와 함께 처리 평균 간에 비교 형태는 다르게 된다.

앞에서 설명한 공식과 같이 계산되므로 처리의 합과 각 숫자의 합이 작아지게 되면 LSD 값도 작아지게 된다. 이러한 계산으로 인하여 최종 비교하여야 하는 Least Significant Difference (또는 Minimum Significant Difference) 값의 변화에 따라 같은 조사치를 가지고 있는 처리구의 유의성에 변화가 생기게 된다. 이 변화는 둘 다 정확하다고 인정될 수 있지만, 실험 자료의 통계분석에서 정확성을 위하여 주요 비교 대상을 평균의 크기순으로 정렬했을 때, 되도록 중앙에 위치하도록 하여야 한다.

난괴법
Randomized block design

    난괴법이란 분산분석의 일종으로 실험설계를 할 때, 위치에 따라 결과에 대한 변이가 추정되는 실험에서 위치에 따른 효과를 검정하기 위한 분석법으로 위치에 따른 집구(block)를 만들고 각 집구에 모든 처리가 임의로 들어가게 실험설계를 하였을 때 분석하는 방법이다. 결과에서 만약에 집구 간에 유의성이 인정된다면 최종 처리는 위치 환경에 따른 조절을 하여, 다시 실험하거나 처리에 따른 유의성은 집구의 유의성을 고려하여 판단해야 한다. 이 방법은 반복 수나 처리 수에 아무런 제한이 없지만, 처리 수가 너무 많을 때는 부적당하므로 일반적으로 총 처리구 수 25 미만일 때 많이 사용된다.

SAS 프로그램 8

```
title1 'Randomized Complete Block With Two Factors';
data PainRelief;
   input PainLevel Codeine Acupuncture Relief @@;
   datalines;
1 1 1 0.0  1 2 1 0.5  1 1 2 0.6  1 2 2 1.2
2 1 1 0.3  2 2 1 0.6  2 1 2 0.7  2 2 2 1.3
3 1 1 0.4  3 2 1 0.8  3 1 2 0.8  3 2 2 1.6
4 1 1 0.4  4 2 1 0.7  4 1 2 0.9  4 2 2 1.5
5 1 1 0.6  5 2 1 1.0  5 1 2 1.5  5 2 2 1.9
```

```
6 1 1 0.9  6 2 1 1.4  6 1 2 1.6  6 2 2 2.3
7 1 1 1.0  7 2 1 1.8  7 1 2 1.7  7 2 2 2.1
8 1 1 1.2  8 2 1 1.7  8 1 2 1.6  8 2 2 2.4
;
proc anova data=PainRelief;
    class PainLevel Codeine Acupuncture;
    model Relief = PainLevel Codeine|Acupuncture;
run;
```

○ 결과 8

Randomized Complete Block With Two Factors

The ANOVA Procedure

Class Level Information		
Class	Levels	Values
PainLevel	8	1 2 3 4 5 6 7 8
Codeine	2	1 2
Acupuncture	2	1 2

Number of Observations Read	32
Number of Observations Used	32

Randomized Complete Block With Two Factors

The ANOVA Procedure

Dependent Variable: Relief

Source	DF	Sum of Squares	Mean Square	F Value	Pr > F
Model	10	11.33500000	1.13350000	78.37	<.0001
Error	21	0.30375000	0.01446429		
Corrected Total	31	11.63875000			

R-Square	Coeff Var	Root MSE	Relief Mean
0.973902	10.40152	0.120268	1.156250

Source	DF	Anova SS	Mean Square	F Value	Pr > F
PainLevel	7	5.59875000	0.79982143	55.30	<.0001
Codeine	1	2.31125000	2.31125000	159.79	<.0001
Acupuncture	1	3.38000000	3.38000000	233.68	<.0001
Codeine*Acupuncture	1	0.04500000	0.04500000	3.11	0.0923

❍ 결과 해석

분산분석표에 의하면, PainLevel, Codeine, Acupuncture는 각각 유의성이 인정되며, Codeine과 Acupuncture의 상호작용에서는 유의성이 인정되지 않았다. 집구를 만드는 경우에는 난괴법으로 처리하고, 집구가 아니고 또 다른 처리를 했다면 요인실험법으로 처리한다.

요인실험법

Factorial experiments

(다원 ANOVA)

앞서 연습한 완전임의 배치법(One way ANOVA) 및 난괴법은 주로 하나의 요인에 대하여 수준을 달리하거나 반복 간의 오차를 검증하기 위하여 집구를 형성하여 조사한 것이고, 조사할 내용에 따라서 둘 이상의 요인을 몇 개의 수준으로 나누어 여러 요인의 효과를 동시에 조사하는 경우에는 요인실험법이다. 요인실험법이란 각 요인의 수준으로 가능한 모든 조합을 만들어 이들 조합을 비교 분석하여 각 요인의 최적 수준을 구하고 동시에 상호작용 효과를 구명하기 위하여 실시하는 분석법이다. 여러 요인들의 배합에 의해 만들어진 처리는 요인실험법으로 처리하는 반면에 난괴법이나 라틴 방각법은 하나의 요인을 반복적으로 처리하는 방법이다.

1. 2개 수준 처리(Two Way ANOVA)

치료제 4종류가 3종류의 질병에 미치는 영향에 대한 자료이다.

치료제(drug)와 질병(disease)에 대한 반응(y)

치료제	D1			D2			D3			D4		
질병	A	B	C	A	B	C	A	B	C	A	B	C
반응	42	33	31	28	.	3	.	.	21	24	27	22
	44	.	−3	.	34	26	.	11	1	.	12	7
	36	26	.	23	33	28	1	9	0	9	12	25
	13	.	25	34	31	32	29	7	9	22	−5	5
	19	33	25	42	.	4	.	1	3	−2	16	12
	22	21	24	13	36	16	19	−6	.	15	15	.

SAS 프로그램 9-1

```
title 'Unbalanced Two-Way Analysis of Variance';
data a;
   input drug$ disease$ reac @@;

   datalines;
D1 A 42 D1 A 44 D1 A 36 D1 A 13 D1 A 19  D1 A 22
D1 B 33 D1 B  .  D1 B 26 D1 B  .  D1 B 33  D1 B 21
D1 C 31 D1 C −3 D1 C  .  D1 C 25 D1 C 25  D1 C 24
D2 A 28 D2 A  .  D2 A 23 D2 A 34 D2 A 42  D2 A 13
D2 B  .  D2 B 34 D2 B 33 D2 B 31 D2 B  .  D2 B 36
D2 C  3 D2 C 26 D2 C 28 D2 C 32 D2 C  4  D2 C 16
D3 A  .  D3 A .  D3 A 1  D3 A 29 D3 A  .  D3 A 19
D3 B  .  D3 B 11 D3 B 9  D3 B 7  D3 B 1  D3 B −6
D3 C 21 D3 C 1  D3 C  .  D3 C 9  D3 C 3  D3 C  .
D4 A 24 D4 A  .  D4 A 9  D4 A 22 D4 A −2 D4 A 15
D4 B 27 D4 B 12 D4 B 12 D4 B −5 D4 B 16 D4 B 15
D4 C 22 D4 C 7  D4 C 25 D4 C 5  D4 C 12 D4 C  .
;

proc glm;
   class drug disease;
   model reac = drug disease drug*disease;
run;
```

Unbalanced Two-Way Analysis of Variance

The GLM Procedure

Class Level Information		
Class	Levels	Values
drug	4	D1 D2 D3 D4
disease	3	A B C

Number of Observations Read	72
Number of Observations Used	58

Unbalanced Two-Way Analysis of Variance

The GLM Procedure

Dependent Variable: reac

Source	DF	Sum of Squares	Mean Square	F Value	Pr > F
Model	11	4259.338506	387.212591	3.51	0.0013
Error	46	5080.816667	110.452536		
Corrected Total	57	9340.155172			

R-Square	Coeff Var	Root MSE	reac Mean
0.456024	55.66750	10.50964	18.87931

Source	DF	Type I SS	Mean Square	F Value	Pr > F
drug	3	3133.238506	1044.412835	9.46	<.0001
disease	2	418.833741	209.416870	1.90	0.1617
drug*disease	6	707.266259	117.877710	1.07	0.3958

Source	DF	Type III SS	Mean Square	F Value	Pr > F
drug	3	2997.471860	999.157287	9.05	<.0001
disease	2	415.873046	207.936523	1.88	0.1637
drug*disease	6	707.266259	117.877710	1.07	0.3958

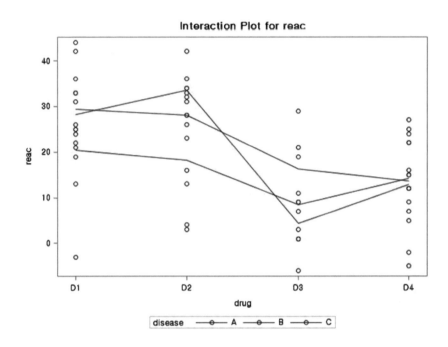

⊙ 결과 해석

분산분석표에 의하면 drug는 고도의 유의성이 인정된다. disease는 유의성이 인정되지 않았다. 그리고 drug와 disease의 상호작용에도 유의성이 인정되지 않았다.

여기에서 Type I SS와 Type III SS의 분산분석표가 두 개 나오는데 이에 대한 설명은 다음과 같다. 본 자료에서는 Type I SS와 Type III SS의 Pr > F가 유사하게 나왔다.

Type I SS	"순차적" 제곱이라고도 합니다. 이것은 A의 주 효과와 B의 주 효과를 분석한 후, 이어서 상호작용 AB를 테스트합니다.
Type II SS	다른 주 효과의 분석 후, 각 주 효과를 테스트합니다.
Type III SS	다른 주 효과와 상호작용 이후에 주로 효과가 있는지 테스트합니다.

요약: 일반적인 가설에서의 관심은 한 변수가 다른 변수들에 영향을 끼치는지 아닌지 입니다. 이것은 Type II 또는 III SS의 사용에 해당합니다. 일반적으로 유의한 상호작용 효과가 없는 경우, Type II가 더욱 강력합니다. 상호작용이 있는 경우에는 Type II는 부적절하지만, Type II는 여전히 사용할 수 있으며 결과는 주의하여 해석해야 한다(상호작용이 있는 주요 효과는 거의 해석할 수 없다).

option을 이용하면 Type I, Type II, Type III를 모두 출력할 수 있다.

또한, 2원 요인분석법과 난괴법은 매우 혼동하기 쉽다. 그러나 2원 요인분석법은 2가지의 별도의 처리에 대한 반응을 분석하는 것에 비하여 난괴법은 하나의 처리에 두 번째 처리(반복)에 대한 반응을 분석하는 것이다.

2. 3개 수준 처리(Three way ANOVA)

자료

Rep	Time	Current	Number	Muscle Weight	Rep	Time	Current	Number	Muscle Weight
1	1	1	1	72	2	1	1	1	46
1	1	1	2	74	2	1	1	2	74
1	1	1	3	69	2	1	1	3	58
1	1	2	1	61	2	1	2	1	60
1	1	2	2	61	2	1	2	2	64
1	1	2	3	65	2	1	2	3	52
1	1	3	1	62	2	1	3	1	71
1	1	3	2	65	2	1	3	2	64
1	1	3	3	70	2	1	3	3	71

1	1	4	1	85	2	1	4	1	53
1	1	4	2	76	2	1	4	2	65
1	1	4	3	61	2	1	4	3	66
1	2	1	1	67	2	2	1	1	44
1	2	1	2	52	2	2	1	2	58
1	2	1	3	62	2	2	1	3	54
1	2	2	1	60	2	2	2	1	57
1	2	2	2	55	2	2	2	2	55
1	2	2	3	59	2	2	2	3	51
1	2	3	1	64	2	2	3	1	62
1	2	3	2	65	2	2	3	2	61
1	2	3	3	64	2	2	3	3	79
1	2	4	1	67	2	2	4	1	60
1	2	4	2	72	2	2	4	2	78
1	2	4	3	60	2	2	4	3	82
1	3	1	1	57	2	3	1	1	53
1	3	1	2	66	2	3	1	2	50
1	3	1	3	72	2	3	1	3	61
1	3	2	1	72	2	3	2	1	56
1	3	2	2	43	2	3	2	2	57
1	3	2	3	43	2	3	2	3	56
1	3	3	1	63	2	3	3	1	56
1	3	3	2	66	2	3	3	2	56
1	3	3	3	72	2	3	3	3	71
1	3	4	1	56	2	3	4	1	56
1	3	4	2	75	2	3	4	2	58
1	3	4	3	92	2	3	4	3	69

1	4	1	1	57	2	4	1	1	46
1	4	1	2	56	2	4	1	2	55
1	4	1	3	78	2	4	1	3	64
1	4	2	1	60	2	4	2	1	56
1	4	2	2	63	2	4	2	2	55
1	4	2	3	58	2	4	2	3	57
1	4	3	1	61	2	4	3	1	64
1	4	3	2	79	2	4	3	2	66
1	4	3	3	68	2	4	3	3	62
1	4	4	1	73	2	4	4	1	59
1	4	4	2	86	2	4	4	2	58
1	4	4	3	71	2	4	4	3	88

1) ANOVA를 이용한 분석

SAS 프로그램 9-2-1

```
data muscles;
input rep time current number muscleW@@;
   datalines;
1 1 1 1 72  2 1 1 1 46
1 1 1 2 74  2 1 1 2 74
1 1 1 3 69  2 1 1 3 58
1 1 2 1 61  2 1 2 1 60
1 1 2 2 61  2 1 2 2 64
1 1 2 3 65  2 1 2 3 52

     -- 중략 --
```

```
1 4 3 1 61  2 4 3 1 64

1 4 3 2 79  2 4 3 2 66

1 4 3 3 68  2 4 3 3 62

1 4 4 1 73  2 4 4 1 59

1 4 4 2 86  2 4 4 2 58

1 4 4 3 71  2 4 4 3 88

;


proc anova;

class rep time current number;

model muscleW = rep time current number rep*time rep*current
rep*number time*current time*number current*number time*current*number
rep*time*current*number;

run;
```

● 결과 9-2-1

SAS 시스템

The ANOVA Procedure

Class Level Information		
Class	Levels	Values
rep	2	1 2
time	4	1 2 3 4
current	4	1 2 3 4
number	3	1 2 3

Number of Observations Read	96
Number of Observations Used	96

SAS 시스템

The ANOVA Procedure

Dependent Variable: muscleW

Source	DF	Sum of Squares	Mean Square	F Value	Pr > F
Model	95	8982.406250	94.551645	.	.
Error	0	0.000000	.		
Corrected Total	95	8982.406250			

R-Square	Coeff Var	Root MSE	muscleW Mean
1.000000	.	.	63.21875

Source	DF	Anova SS	Mean Square	F Value	Pr > F
rep	1	605.010417	605.010417	.	.
time	3	223.114583	74.371528	.	.
current	3	2145.447917	715.149306	.	.
number	2	447.437500	223.718750	.	.
rep*time	3	163.697917	54.565972	.	.
rep*current	3	299.864583	99.954861	.	.
rep*number	2	206.645833	103.322917	.	.
time*current	9	298.677083	33.186343	.	.
time*number	6	367.979167	61.329861	.	.
current*number	6	644.395833	107.399306	.	.
time*current*number	18	1050.854167	58.380787	.	.
rep*time*curre*numbe	39	2529.281250	64.853365	.	.

요인분석은 proc anova로 분석이 되지 않는다.

2) GLM을 이용한 분석

SAS 프로그램 9-2-2

```
data muscles;
input rep time current number muscleW@@;
   datalines;
1 1 1 1 72  2 1 1 1 46
1 1 1 2 74  2 1 1 2 74
1 1 1 3 69  2 1 1 3 58
1 1 2 1 61  2 1 2 1 60
1 1 2 2 61  2 1 2 2 64
1 1 2 3 65  2 1 2 3 52


   -- 중략 --


1 4 3 1 61  2 4 3 1 64
1 4 3 2 79  2 4 3 2 66
1 4 3 3 68  2 4 3 3 62
1 4 4 1 73  2 4 4 1 59
1 4 4 2 86  2 4 4 2 58
1 4 4 3 71  2 4 4 3 88
;
proc glm outstat=summary;
   class Rep Current Time Number;
   model Musclew = Rep Current|Time|Number;
   lsmeans Current*Time / slice=Current;
run;

proc print data=summary;
run;
```

● 결과 9-2-2

SAS 시스템

The GLM Procedure

Class Level Information		
Class	Levels	Values
rep	2	1 2
current	4	1 2 3 4
time	4	1 2 3 4
number	3	1 2 3

Number of Observations Read	96
Number of Observations Used	96

SAS 시스템

The GLM Procedure

Dependent Variable: muscleW

Source	DF	Sum of Squares	Mean Square	F Value	Pr > F
Model	48	5782.916667	120.477431	1.77	0.0261
Error	47	3199.489583	68.074246		
Corrected Total	95	8982.406250			

R-Square	Coeff Var	Root MSE	muscleW Mean
0.643805	13.05105	8.250712	63.21875

Source	DF	Type III SS	Mean Square	F Value	Pr > F
rep	1	605.010417	605.010417	8.89	0.0045
current	3	2145.447917	715.149306	10.51	<.0001
time	3	223.114583	74.371528	1.09	0.3616

current*time	9	298.677083	33.186343	0.49	0.8756
number	2	447.437500	223.718750	3.29	0.0461
current*number	6	644.395833	107.399306	1.58	0.1747
time*number	6	367.979167	61.329861	0.90	0.5023
current*time*number	18	1050.854167	58.380787	0.86	0.6276

Contrast	DF	Contrast SS	Mean Square	F Value	Pr > F
Time in Current 3	3	34.83333333	11.61111111	0.17	0.9157
Current 1 versus 2	1	99.18750000	99.18750000	1.46	0.2334

SAS 시스템

The GLM Procedure

Least Squares Means

current	time	muscleW LSMEAN
1	1	65.5000000
1	2	56.1666667
1	3	59.8333333
1	4	59.3333333
2	1	60.5000000
2	2	56.1666667
2	3	54.5000000
2	4	58.1666667
3	1	67.1666667
3	2	65.8333333
3	3	64.0000000
3	4	66.6666667
4	1	67.6666667

4	2	69.8333333
4	3	67.6666667
4	4	72.5000000

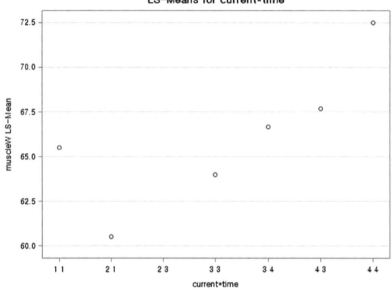

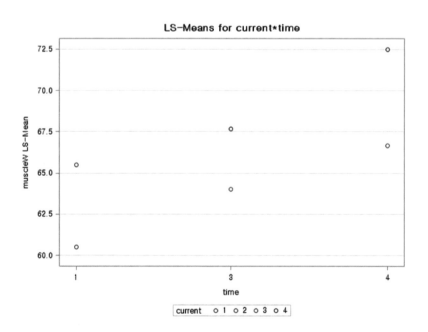

SAS 시스템

The GLM Procedure

Least Squares Means

current*time Effect Sliced by current for muscleW					
current	DF	Sum of Squares	Mean Square	F Value	Pr > F
1	0	0	.	.	.
2	0	0	.	.	.
3	1	21.333333	21.333333	0.29	0.5970
4	1	70.083333	70.083333	0.95	0.3422

SAS 시스템

OBS	_NAME_	_SOURCE_	_TYPE_	DF	SS	F	PROB
1	muscleW	ERROR	ERROR	18	1325.47	.	.
2	muscleW	rep	SS1	1	472.53	6.41693	0.02082
3	muscleW	current	SS1	3	730.79	3.30803	0.04378
4	muscleW	time	SS1	2	265.88	1.80530	0.19295
5	muscleW	current*time	SS1	1	7.04	0.09563	0.76069
6	muscleW	number	SS1	2	572.22	3.88540	0.03956
7	muscleW	current*number	SS1	6	524.11	1.18624	0.35711
8	muscleW	time*number	SS1	2	172.75	1.17298	0.33201
9	muscleW	current*time*number	SS1	2	50.58	0.34346	0.71386
10	muscleW	rep	SS3	1	472.53	6.41693	0.02082
11	muscleW	current	SS3	3	1097.43	4.96771	0.01101
12	muscleW	time	SS3	2	211.90	1.43882	0.26322
13	muscleW	current*time	SS3	1	7.04	0.09563	0.76069
14	muscleW	number	SS3	2	520.27	3.53262	0.05079

15	muscleW	current*number	SS3	4	237.75	0.80716	0.53664
16	muscleW	time*number	SS3	2	172.75	1.17298	0.33201
17	muscleW	current*time*number	SS3	2	50.58	0.34346	0.71386

➲ 결과 해석

One way 구조와는 다르게 Two way나 Three way는 각 처리의 상호작용을 보기 위하여 실험설계를 하여 각 처리들 사이에 상호작용의 유의성을 계산하여 주는 특징이 있다. 이는 실험설계를 다르게 하여야 하며, 필요한 조합만을 분석할 수도 있다. Two way나 Three way는 'Proc GLM'을 이용해야 분석할 수 있다.

회귀분석
Regression analysis

회귀분석에서 '회귀(regression)'란 용어는 19세기 프랜시스 갤턴(Francis Galton)이 키 큰 선대 부모들이 낳은 자식들의 키가 점점 더 커지지 않고, 다시 평균 키로 회귀하는 경향을 보고서 발견한 개념이다. 이를 통계학 용어로 '평균으로의 회귀(regression toward mean)'라고 한다. 독립변수 하나에 종속변수 한 개인 경우는 단순회귀, 종속변수 하나에 독립변수가 여러 개인 경우는 다중회귀이며, 독립변수와 종속변수가 여러 개인 경우는 경로 분석이라고 한다. 이들 분석 방법들은 회귀분석의 일종으로 특히 다중회귀 방법은 종속변수에 대한 독립변수의 직접 효과만을 분석하며, 경로분석은 직접효과 외에 간접효과를 계산하여 총 효과에 대한 설명이 가능하다.

1. 단순 회귀분석(Simple regression)

단순 선형 회귀분석은 하나의 원인이 되는 변수가 하나의 결과에 대한 관계를 분석하여 조사되지 않은 구간의 추정치를 계산할 수 있는 방법이다. 이 분석 기법의 기본 목적은 원인이 되는 변수가 실제로 측정한 결과에 가장 근접한 결과(Y값)를 추정하는 것이다. 또한, 회귀분석은 독립변수(원인)나 종속변수(결과) 모두가 연속형 자료일 때 분석할 수 있다. 이 분석의 특징은 연속적인 변화 형태의 관찰과 우리가 조사하지 못한 구간 내의 값들을 예측할 수 있다는 장점이 있다. 실제로 많이 사용하는 Spectrophotometer의 표준 직선 추정은 오래전부터 사용되어왔다. 사회과학은 자연과학과 달리 범주형 자료를 주로 다루지만, 최근에는 그 경계가 없이 모든 분야에서 범주형 자료뿐 아니라 연속형 자료의 분석도 고르게 이용하고자 하는 요구가 많이 발생하고 있다. 이러한 요구에 부응하여 회귀분석이 대표되는 연속형 자료 분석을 잘 이용하는 것 또한 자료에 대한 자유로운 설명이 가능할 것이다.

단순 회귀(Simple regression)

독립변수가 하나이고 종속변수도 하나인 경우에는 단순 회귀분석을 한다. 이의 결과는 함수식(1차 함수식)으로 표현되며 그래프로 표현되기도 한다.

$$\widehat{Y} = A + BX_i + e_i$$

X는 독립변수의 값을 뜻하고 Y는 종속변수 추정값을 뜻하며, A는 절편값 즉 그래프에서 Y축을 지나는 값이다. B는 직선의 기울기를 말하며 e_i는 회귀식의 예측 오차이다.

예 촉진제에 따른 반응량을 조사하였다.

촉진제	1	1	2	3	4	4	5	6	6	7
반응량	2.1	2.5	3.1	3.0	3.8	3.2	4.3	3.9	4.4	4.8

SAS 프로그램 10-1

```
data a;
input booster reacting @@;
cards;
1 2.1 1 2.5 2 3.1 3 3.0 4 3.8
4 3.2 5 4.3 6 3.9 6 4.4 7 4.8
run;
proc reg;
model reacting = booster;
run;
```

● 결과 10-1

SAS 시스템

The REG Procedure

Model: MODEL1

Dependent Variable: reacting

Number of Observations Read	10
Number of Observations Used	10

Analysis of Variance

Source	DF	Sum of Squares	Mean Square	F Value	Pr > F
Model	1	6.11140	6.11140	66.28	<.0001
Error	8	0.73760	0.09220		
Corrected Total	9	6.84900			

Root MSE	0.30365	R-Square	0.8923
Dependent Mean	3.51000	Adj R-Sq	0.8788
Coeff Var	8.65086		

Parameter Estimates

Variable	DF	Parameter Estimate	Standard Error	t Value	Pr > |t|
Intercept	1	2.00244	0.20859	9.60	<.0001
booster	1	0.38655	0.04748	8.14	<.0001

SAS 시스템

The REG Procedure

Model: MODEL1

Dependent Variable: reacting

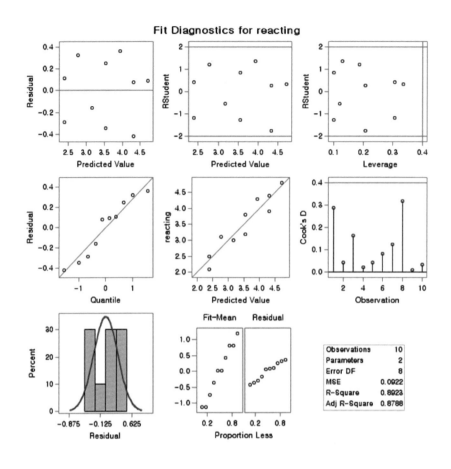

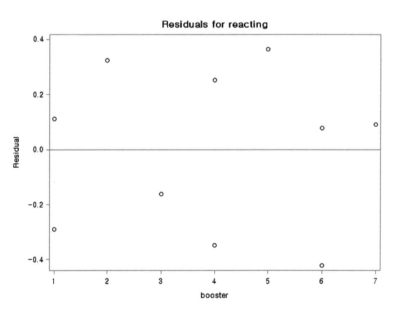

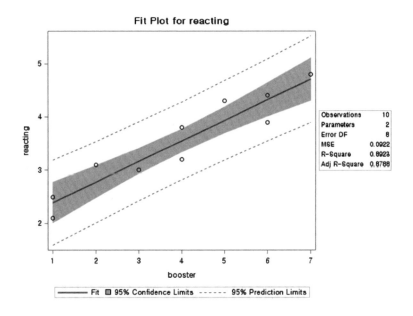

Fit Plot for reacting

Observations	10
Parameters	2
Error DF	8
MSE	0.0922
R-Square	0.8923
Adj R-Square	0.8788

● 결과 해석

'Analysis of Variance' table을 보면 분산분석의 결과와 같이 유의성이 표시되는데 Pr > F 값이 매우 유의하므로 조사된 자료에 대한 계산된 함수식은 인정할 수 있다는 뜻이고 R-Square 값이 0.8923으로 조사된 자료를 89.23% 설명한다는 의미가 있다. 함수식은 Y= 2.00244 + 0.38655X이다. 이 함수식은 '0.38655X'로 보아 booster가 증가할수록 reacting도 증가하는 함수식이며 0.38655는 함수식의 기울기를 나타낸다. 즉, 독립변수 1단위가 증가하면 종속변수(Y) 값이 0.38655 만큼 변한다는 뜻이다. 그리고 2.00244는 절편값으로 독립변수(X)가 0일 때의 Y값을 말한다.

※ 복합적 처리

예 다음 결과는 LED 조명이 젖소에 미치는 영향에 대한 자료이다. 유량을 측정하였는데 농장의 환경이 로봇 착유기로 착유 횟수가 자유로워 각 횟수에 따른 유량도 변이가 매우 심한 자료였다. 처리구는 대조구와 White, Yellow 그리고 Blue로 4개였고, 각 처리에 따른 변화를 확인하고자 하였다.

예로 젖소 한 두의 유량 및 착유 횟수(일 합계)는 다음과 같다.

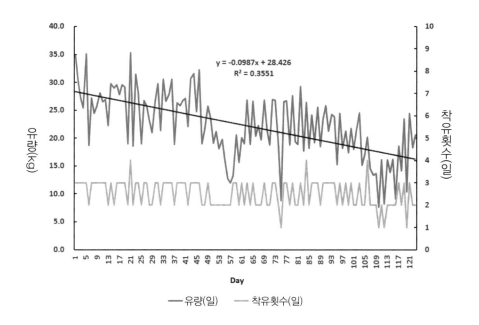

대단히 분석하기가 어려운 자료였다. 일반적으로 젖소의 유량은 분만 시 증가하다가 1~2개월 후부터는 되면 감소를 시작하는데 이를 분석하기 위하여 자료 전체의 착유일 중 57일 이전 자료는 삭제하고 나머지 자료를 일차 회귀분석을 하여 Slop들만 모아 감소율을 처리별로 평균 간 차이 검정을 하였다. 이유는 각 개체별 유전적 비유능력이 다르고, 비유능력 또한 다르므로 처리에 따른 유량 감소율(SLOP)을 계산하고 각 처리별 감소율을 비교하여 처리 효과를 비교할 수 있었다. 감소율이 적으면, 처리에 대한 유량이 증가한 것으로 판단하였다.

	Control	White	Yellow	Blue
Lactation slope	−0.04974±0.009[a]	−0.04480±0.010[a]	−0.10936±0.016[b]	−0.09839±0.013[b]

일차 회귀식은 'Y= Intercept + Slop × 착유일' 이므로 각 처리별 각 젖소의 Slop를 가지고 DUNCAN분석을 하여 비교하였다.

2. 2차식 이상으로 표현되는 곡선 회귀

1차 회귀 직선에서는 독립변수가 하나이며, 이 독립변수가 원인이 되어 종속변수가 결정되는 관계를 1차 함수식으로 나타내는 분석방법이지만 자연의 현상은 항상 직선적으로만 표현되는 것은 아니다. 다음은 종속변수가 2차 함수식 이상의 회귀 식으로 표현되는 자료를 분석하기로 하자.

📕 단위 면적당 퇴비(단위 100 kg) 시용량 증가에 따른 보리의 수량(단위 kg)을 나타낸 것이다. 이에 대한 회귀방정식을 구하여라.

퇴비 시용량과 보리의 수량

반복	퇴비시용량	보리수량
1	2	159
2	4	220
3	6	260
4	8	290
5	10	300
6	12	310
7	14	315
8	16	297
9	18	270
10	20	265

SAS 프로그램 10-2

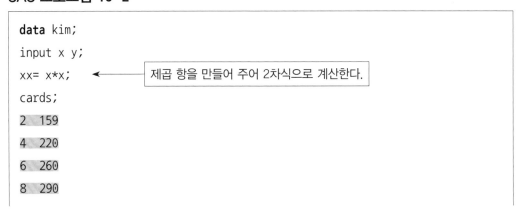

```
data kim;
input x y;
xx= x*x;     ◀──── 제곱 항을 만들어 주어 2차식으로 계산한다.
cards;
2  159
4  220
6  260
8  290
```

```
10 300
12 310
14 315
16 297
18 270
20 265
run;

proc reg;
model y = x xx;  ◄─────  함수식을 2차 항을 포함한다는 의미
run;
```

○ 결과 10-2

SAS 시스템

The REG Procedure

Model: MODEL1

Dependent Variable: y

Number of Observations Read	10
Number of Observations Used	10

Analysis of Variance					
Source	DF	Sum of Squares	Mean Square	F Value	Pr > F
Model	2	20075	10038	139.10	<.0001
Error	7	505.13939	72.16277		
Corrected Total	9	20580			

Root MSE	8.49487	R-Square	0.9755
Dependent Mean	268.60000	Adj R-Sq	0.9684
Coeff Var	3.16265		

Parameter Estimates					
Variable	DF	Parameter Estimate	Standard Error	t Value	Pr > |t|
Intercept	1	108.80000	9.99125	10.89	<.0001
x	1	31.60303	2.08638	15.15	<.0001
xx	1	−1.21970	0.09242	−13.20	<.0001

SAS 시스템

The REG Procedure

Model: MODEL1

Dependent Variable: y

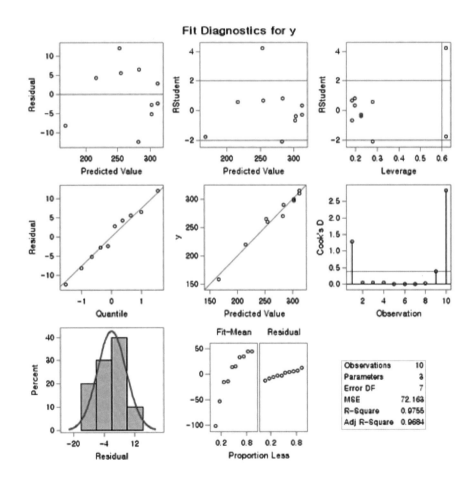

Fit Diagnostics for y

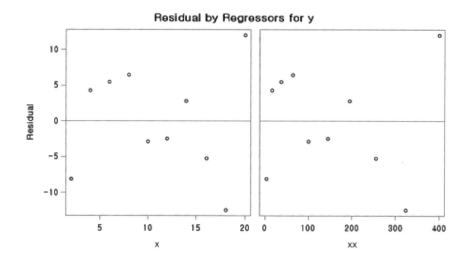

Residual by Regressors for y

● 결과 해석

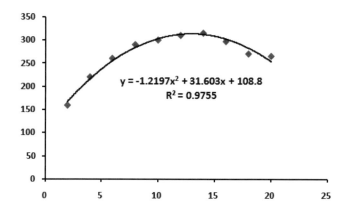

$$y = -1.2197x^2 + 31.603x + 108.8$$
$$R^2 = 0.9755$$

함수식 형태가 'Y = A + BX + CX^2'일 때, A는 108.8이며 B는 31.603이고 C는 −1.21970이므로 구한 함수식은 Y=108.8 + 31.603X −1.21970X^{2}이다. R-square는 0.9755로 변수 X가 Y를 97.6%를 설명하고 있고 이때 Y에 대한 신뢰도는 Pr > F 값이 0.0001로서 99.9%의 신뢰도를 가지고 있다. 절편 및 X 계수 및 X^{2}의 계수 또한 Pr > F 값이 0.0001로서 99.9%의 신뢰도를 가지고 있다. 함수식이 구해지면 2차 함수식에서는 모자 모양(X^2 항의 부호가 음수)이나 컵 모양(X^2 항의 부호가 양수)의 함수 그래프를 그릴 수 있는데 이때의 꼭짓점의 X 좌표를 계산할 수가 있다. 계산하는 방법은 'Y=108.8 + 31.603X -1.21970X2'을 미분하여 보면, '31,603 − 2 × 1.219X = 0'으로 되며 이 수식을 풀어보면 X = 12.963 가 된다. 이 값은 보리 수량이 가장 많을 때의 퇴비 사용량이 되고 이를 함수식에 다시 대입하여 Y값을 얻으면 그때의 보리 수량이 계산된다.

2차식 이상으로 표현되는 자료 또한 분석하기가 쉽다. 프로그램에서 X 항목을 제곱해서 변수를 하나 추가하였는데 3차식으로 분석할 때는 X 항목을 제곱 및 세제곱하여 변수 두 개를 추가하여 분석하면 된다. 또한, 3차식을 미분하면 꼭짓점 두 개가 계산되는데 이는 변곡점이 2개이므로 그러하다. 계속 4차식, 5차식 등은 계속적으로 4제곱, 5제곱 항을 추가하여 분석하면 계산할 수 있다. 이때, 변곡점도 4차식은 3개 5차식은 4개로 계속 증가한다. 꼭짓점이 여러 개인 경우의 꼭짓점 구분은 크기순이다.

3. 비선형 회귀(Nonlinear regression)

비선형 회귀분석은 종속변수가 일반적인 수가 아니고 Log, Exp 등의 특정한 수를 가지고 있는 함수식을 유도하기 위한 방법으로 성장곡선 등의 특이한 선형을 유도하는 방법이다.

$$\boxed{\text{수식}} \quad (\text{LOG 또는 EXP 등..}) \, \widehat{Y} = AX + C$$

SAS 프로그램 10-3

```
data a;
input X Y @@;
cards;
18 1099 48 979 90 838 480 828
18 1094 48 979 90 831 480 824
18 1092 48 976 90 827 480 823
18 1082 48 973 90 827 480 819
18 1080 48 968 90 827 480 812
18 1079 48 967 90 823 480 812
18 1070 48 961 90 818 480 810

48 995 90 862 360 752 . .
48 994 90 855 480 856 . .
48 983 90 852 480 848 . .
```

```
48 982 90 851 480 845 . .
48 980 90 850 480 839 . .
 .   .  90 847 480 834 . .
 .   .  90 843 480 829 . .
run;

proc nlin;
parameters A = 2 B = 2;
```

> parameters의 내용은 유도하고자 하는 곡선의 형태에 따라 다르다(다른 참고 도서 참고 바람).

```
XTOB = X**B;
model Y = A*XTOB;
DER.A = XTOB;
DER.B = A*XTOB*LOG(X);
run;
```

● 결과 10-3

SAS 시스템

The NLIN Procedure

Dependent Variable Y

Method: Gauss-Newton

Iterative Phase			
Iter	A	B	Sum of Squares
0	2.0000	2.0000	2.269E13
1	0.0989	1.9924	4.746E10
2	0.1038	1.8308	6.2543E9
3	0.2839	1.4090	2.5974E8
4	1.1184	0.9170	2.1404E8
5	1.6182	0.8474	2.1403E8

6	2.0325	0.8077	2.1307E8
7	2.6391	0.7616	2.1204E8
8	3.5449	0.7087	2.1092E8
9	4.9205	0.6492	2.0968E8
10	7.0375	0.5837	2.0823E8
11	10.3179	0.5134	2.0642E8
12	15.3918	0.4404	2.0401E8
13	23.1426	0.3672	2.0071E8
14	46.2524	0.2261	1.9928E8
15	119.9	0.0234	1.9774E8
16	511.6	−0.2202	1.666E8
17	661.2	0.0388	7463594
18	1112.1	−0.0834	5699517
19	1254.1	−0.0763	561318
20	1253.9	−0.0771	557520
21	1254.0	−0.0772	557520
22	1254.0	−0.0772	557520

Note	Missing values were generated as a result of performing an operation on missing values. Each place is given by (number of times) AT (statement)/(line):(column).

54 AT	1/111:9	54 AT	4/114:19

NOTE: Convergence criterion met.

Estimation Summary	
Method	Gauss−Newton
Iterations	22
Subiterations	28

Average Subiterations	1.272727
R	2.75E−7
PPC(B)	1.544E−7
RPC(B)	6.616E−6
Object	1.42E−10
Objective	557519.8
Observations Read	400
Observations Used	346
Observations Missing	54

Note An intercept was not specified for this model.

Source	DF	Sum of Squares	Mean Square	F Value	Approx Pr > F
Model	2	2.7253E8	1.3626E8	84077.2	<.0001
Error	344	557520	1620.7		
Uncorrected Total	346	2.7308E8			

Parameter	Estimate	Approx Std Error	Approximate 95% Confidence Limits	
A	1254.0	13.2329	1228.0	1280.1
B	−0.0772	0.00234	−0.0818	−0.0726

Approximate Correlation Matrix		
	A	B
A	1.0000000	−0.9729295
B	−0.9729295	1.0000000

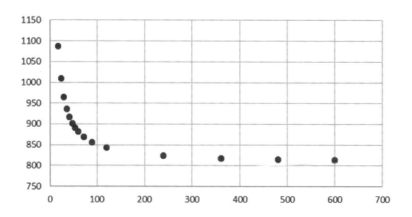

4. 다중회귀(Multiple regression)

수식	$Y = b_0 + b_1X_1 + b_2X_2 + \cdots + b_pX_p$

특정한 결과(Y)에 대하여 원인이 되는 여러 요인($X_1, X_2 \cdots X_p$)들이 존재한다. 이러한 Y에 대한 $X_1, X_2 \cdots X_p$들의 영향력을 알아보기 위하여 분석하는 방법이다.

SAS 프로그램 10-4

```
data reaction;
    input FeedRate Catalyst AgitRate Temperature
        Concentration ReactionPercentage;
    datalines;
10.0   1.0   100    140   6.0    37.5
10.0   1.0   120    180   3.0    28.5
10.0   2.0   100    180   3.0    40.4
10.0   2.0   120    140   6.0    48.2
15.0   1.0   100    180   6.0    50.7
15.0   1.0   120    140   3.0    28.9
15.0   2.0   100    140   3.0    43.5
15.0   2.0   120    180   6.0    64.5
```

```
12.5   1.5   110   160   4.5   39.0
12.5   1.5   110   160   4.5   40.3
12.5   1.5   110   160   4.5   38.7
12.5   1.5   110   160   4.5   39.7
;
proc reg data=reaction;
   model  ReactionPercentage=FeedRate Catalyst AgitRate
                            Temperature Concentration;
run;
```

○ 결과 10-4

SAS 시스템

The REG Procedure

Model: MODEL1

Dependent Variable: ReactionPercentage

Number of Observations Read	12
Number of Observations Used	12

Analysis of Variance					
Source	DF	Sum of Squares	Mean Square	F Value	Pr > F
Model	5	990.27000	198.05400	33.29	0.0003
Error	6	35.69917	5.94986		
Corrected Total	11	1025.96917			

Root MSE	2.43923	R-Square	0.9652
Dependent Mean	41.65833	Adj R-Sq	0.9362
Coeff Var	5.85533		

Parameter Estimates					
Variable	DF	Parameter Estimate	Standard Error	t Value	Pr > |t|
Intercept	1	−43.69167	13.04097	−3.35	0.0154
FeedRate	1	1.65000	0.34496	4.78	0.0031
Catalyst	1	12.75000	1.72480	7.39	0.0003
AgitRate	1	−0.02500	0.08624	0.29	0.7817
Temperature	1	0.16250	0.04312	3.77	0.0093
Concentration	1	4.96667	0.57493	8.64	0.0001

SAS 시스템

The REG Procedure

Model: MODEL1

Dependent Variable: ReactionPercentage

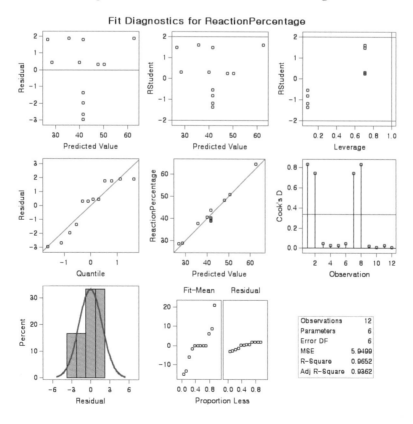

Fit Diagnostics for ReactionPercentage

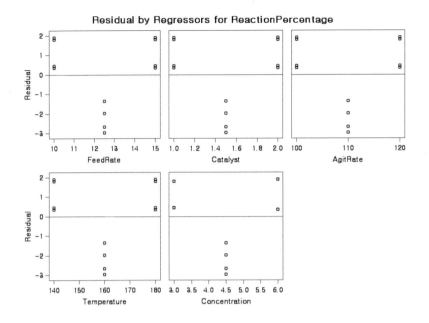

Residual by Regressors for ReactionPercentage

● 결과 해석

분석 결과 'ReactionPercentage = −43.69167 + 1.65000 × FeedRate + 12.75000 × Catalyst − 0.02500 × AgitRate + 0.16250 × Temperature + 4.96667 × Concentration' 의 함수식을 계산할 수 있으며, R-Squre = 0.9652, Model 유의성 0.0003으로 매우 유의하다. AgitRate는 Pr > |t| 값이 0.7817로 유의하지 않음을 알 수 있다.

※ 변수선택방법

위 다중회귀 분석에서 유의한 변수나 유의하지 않은 변수를 모두 포함하여 분석하여 주고 있다. 그러나 통계적으로 유의한 변수만이 이용한다. 변수의 선택 방법에는 여러 가지가 있지만, stepwise 방법을 가장 많이 사용하고 있다.

SAS 프로그램 ※

```
PROC REG DATA=fitness ;
     MODEL ReactionPercentage=FeedRate Catalyst AgitRate
            Temperature Concentration/method=stepwise;
   RUN;
```

method=stepwise 에 의해 확률값(Pr > F)을 고려하여 R² 값이 큰 것부터 차례로 변수를 자동으로 선택해 준다. method에는 stepwise, backword, forward가 있다.
특히 'method'는 최근 SAS Version에서 'selection'으로 변경되었으나 아직 까지는 둘 다 사용할 수 있다.

○ 결과 ※

SAS 시스템

The REG Procedure

Model: MODEL1

Dependent Variable: ReactionPercentage

Number of Observations Read	12
Number of Observations Used	12

Stepwise Selection: Step 1

Variable Concentration Entered: R-Square = 0.4328 and C(p) = 89.8089

Analysis of Variance					
Source	DF	Sum of Squares	Mean Square	F Value	Pr > F
Model	1	444.02000	444.02000	7.63	0.0201
Error	10	581.94917	58.19492		
Corrected Total	11	1025.96917			

Variable	Parameter Estimate	Standard Error	Type II SS	F Value	Pr > F
Intercept	19.30833	8.38563	308.53385	5.30	0.0441
Concentration	4.96667	1.79807	444.02000	7.63	0.0201

Bounds on condition number: 1, 1

Stepwise Selection: Step 2

Variable Catalyst Entered: R-Square = 0.7497 and C(p) = 37.1647

Analysis of Variance					
Source	DF	Sum of Squares	Mean Square	F Value	Pr > F
Model	2	769.14500	384.57250	13.48	0.0020
Error	9	256.82417	28.53602		
Corrected Total	11	1025.96917			

Variable	Parameter Estimate	Standard Error	Type II SS	F Value	Pr > F
Intercept	0.18333	8.15990	0.01440	0.00	0.9826
Catalyst	12.75000	3.77730	325.12500	11.39	0.0082
Concentration	4.96667	1.25910	444.02000	15.56	0.0034

Bounds on condition number: 1, 4

Stepwise Selection: Step 3

Variable FeedRate Entered: R-Square = 0.8824 and C(p) = 16.2860

Analysis of Variance					
Source	DF	Sum of Squares	Mean Square	F Value	Pr > F
Model	3	905.27000	301.75667	20.00	0.0004
Error	8	120.69917	15.08740		
Corrected Total	11	1025.96917			

Variable	Parameter Estimate	Standard Error	Type II SS	F Value	Pr > F
Intercept	−20.44167	9.07480	76.55482	5.07	0.0543
FeedRate	1.65000	0.54932	136.12500	9.02	0.0170
Catalyst	12.75000	2.74658	325.12500	21.55	0.0017
Concentration	4.96667	0.91553	444.02000	29.43	0.0006

Bounds on condition number: 1, 9

Stepwise Selection: Step 4

Variable Temperature Entered: R–Square = 0.9647 and C(p) = 4.0840

Analysis of Variance					
Source	DF	Sum of Squares	Mean Square	F Value	Pr > F
Model	4	989.77000	247.44250	47.85	<.0001
Error	/	36.19917	5.17131		
Corrected Total	11	1025.96917			

Variable	Parameter Estimate	Standard Error	Type II SS	F Value	Pr > F
Intercept	−46.44167	8.34249	160.25970	30.99	0.0008
FeedRate	1.65000	0.32160	136.12500	26.32	0.0014
Catalyst	12.75000	1.60800	325.12500	62.87	<.0001
Temperature	0.16250	0.04020	84.50000	16.34	0.0049
Concentration	4.96667	0.53600	444.02000	85.86	<.0001

Bounds on condition number: 1, 16

All variables left in the model are significant at the 0.1500 level.

No other variable met the 0.1500 significance level for entry into the model.

Summary of Stepwise Selection								
Step	Variable Entered	Variable Removed	Number Vars In	Partial R–Square	Model R–Square	C(p)	F Value	Pr > F
1	Concentration		1	0.4328	0.4328	89.8089	7.63	0.0201
2	Catalyst		2	0.3169	0.7497	37.1647	11.39	0.0082
3	FeedRate		3	0.1327	0.8824	16.2860	9.02	0.0170
4	Temperature		4	0.0824	0.9647	4.0840	16.34	0.0049

SAS 시스템

The REG Procedure

Model: MODEL1

Dependent Variable: ReactionPercentage

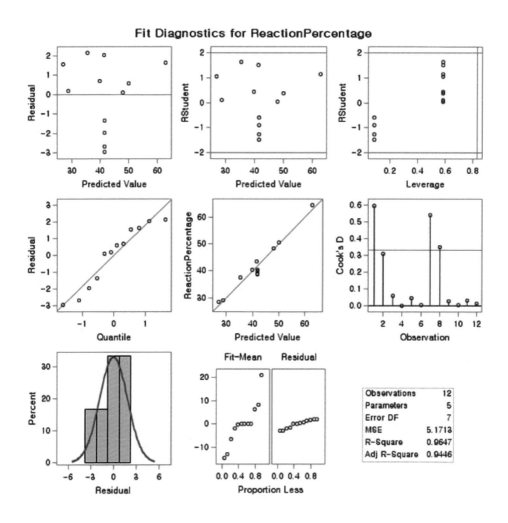

Fit Diagnostics for ReactionPercentage

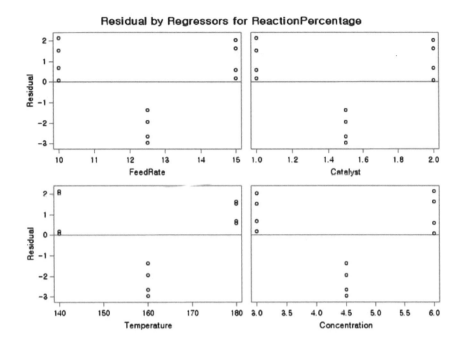

Residual by Regressors for ReactionPercentage

○ 결과 해석

Stepwise 방법을 진행하게 되면 변수를 하나씩 추가하면서 (Stepwise Selection: Step 1 ~ Stepwise Selection: Step 4)와 같이 계속 반복 계산을 한다. 반복 계산은 자료에 따라 다르며 10번 이하의 반복으로 계산을 끝낸다. 분석 결과는 마지막 step 의 'Parameter Estimate'를 읽어 판단한다. ReactionPercentage에 대한 FeedRate, Catalyst, AgitRate, Temperature, Concentration 들의 영향력을 분석한 결과, 'Stepwise Selection: Step 4'의 'Parameter Estimate'를 보면 ReactionPercentage = −46.44167(Intercept) + 1.65000 × FeedRate + 12.75000 × Catalyst + 0.16250 × Temperature + 4.96667 × Concentration의 함수식이 분석되었다. 변수선택을 하지 않고 분석한 결과와 비교해 보면 유의성이 없었던 'AgitRate'가 계산에 포함되지 않았다. 이 결과는 탐색적 경로 분석의 결과와 같다.

> 예 돈육의 penal test를 통하여 맛을 측정하였다. 맛은 성분에서 기인된 것으로 분석되었다. 일반성분 중에서 moisture, Crude ash, Crude fat, Crude protein 그리고 Collagen과 맛과의 상호 인과관계를 알고자 다중 회귀분석을 하였다.

	Intercept	Functional formula	R-Square	Probability
Flavor	2,83590	0,12540 Crude fat + 0.54827 Collagen	0,0209	0.0055
Juiciness	2,88591	0,14652 Crude fat + 0.36375 Collagen	0,0203	0.0064
Tenderness	11,76729	−0,11236 moisture + 0.33564 Collagen	0,0219	0.0043
Overall like	2,56425	0,17630 Crude fat + 0.78593 Collagen	0,0434	<.0001
Sweetness	1,58442	0,35260 Crude ash +0.04596 Crude fat	0,0112	0.0620
Saltiness	—	—	—	—
Sourness	2,58298	−0,70804 Collagen	0,0393	<.0001
Bitters	0,64956	−0,53216 Crude ash + 0.07303 Crude protein	0,0200	0.0069
Savory taste	1,94430	0,05520 Crude fat + 0.34747 Collagen	0,0194	0.0080

결과에서 Crude fat과 Collagen이 주요 요인으로 나타났으며, 돈육에서는 선호되지 않는 맛인 신맛(Sourness)과 쓴맛(Bitters)에서는 음의 관계가 있거나 선택되지 않았음을 알 수 있다. 뿐만 아니라 향미(Flavor), 다즙성(Juiciness), 그리고 연도(Tenderness)에서 콜라겐이 선택된 결과(양의 관계)로 지방과 콜라겐은 맛을 추정할 수 있는 중요한 요인으로 분석되었다. 이와 같이 다중회귀를 이용하여 요인을 찾을 수가 있는데, 다중회귀에서는 직접 효과만을 분석하며 간접효과는 고려하지 않는 단점이 있다.

'Flavor = 2.83590 + 0.12540 Crude fat + 0.54827 Collagen' 함수에서 지방과 콜라겐 함량과 향미와의 관계는 양의 관계로 지방 또는 콜라겐 함량이 증가하게 되면 향미도 좋아진다는 뜻이다. 더욱이 계수는 지방보다 콜라겐이 크므로 콜라겐이 주요 요인이라고 할 수 있다.

5. 경로 분석(PATH analysis)

경로 분석은 요인들 사이의 효과를 검증해주는 회귀분석의 또 다른 분석법이다. 이 분석은 여러 개의 종속변수와 함께 여러 개의 독립변수가 있을 때, 분석할 수 있는 방법으로 요인들 간의 직접 효과와 간접효과를 파악할 수 있다는 것이 특징이다.

SAS 프로그램 10-5

```
data sales;
    input q1 q2 q3 q4;
    datalines;
1.03    1.54    1.11    2.22
1.23    1.43    1.65    2.12
3.24    2.21    2.31    5.15
1.23    2.35    2.21    7.17
 .98    2.13    1.76    2.38
1.02    2.05    3.15    4.28
1.54    1.99    1.77    2.00
1.76    1.79    2.28    3.18
1.11    3.41    2.20    3.21
1.32    2.32    4.32    4.78
1.22    1.81    1.51    3.15
1.11    2.15    2.45    6.17
1.01    2.12    1.96    2.08
1.34    1.74    2.16    3.28
;
ods graphics on;
proc calis data=sales  plot=pathdiagram;

path
q1 <- q2,
q1 <- q3,
q1 <- q4;

run;
ods graphics off;
quit;
```

SAS 시스템

The CALIS Procedure

Covariance Structure Analysis: Model and Initial Values

Modeling Information	
Maximum Likelihood Estimation	
Data Set	WORK.SALES
N Records Read	14
N Records Used	14
N Obs	14
Model Type	PATH
Analysis	Covariances

Variables in the Model		
Endogenous	Manifest	q1
	Latent	
Exogenous	Manifest	q2 q3 q4
	Latent	

Number of Endogenous Variables = 1
Number of Exogenous Variables = 3

Initial Estimates for PATH List			Parameter	Estimate
Path			Parameter	Estimate
q1	<==	q2	_Parm1	.
q1	<==	q3	_Parm2	.
q1	<==	q4	_Parm3	.

Initial Estimates for Variance Parameters			
Variance Type	Variable	Parameter	Estimate
Exogenous	q2	_Add1	.
	q3	_Add2	.
	q4	_Add3	.
Error	q1	_Add4	.

NOTE: Parameters with prefix '_Add' are added by PROC CALIS.

Initial Estimates for Covariances Among Exogenous Variables			
Var1	Var2	Parameter	Estimate
q3	q2	_Add5	.
q4	q2	_Add6	.
q4	q3	_Add7	.

NOTE: Parameters with prefix '_Add' are added by PROC CALIS.

SAS 시스템

The CALIS Procedure

Covariance Structure Analysis: Descriptive Statistics

Simple Statistics		
Variable	Mean	Std Dev
q1	1.36714	0.58163
q2	2.07429	0.47398
q3	2.20286	0.77867
q4	3.65500	1.63264

SAS 시스템

The CALIS Procedure

Covariance Structure Analysis: Optimization

Initial Estimation Methods	
1	Observed Moments of Variables
2	McDonald Method
3	Two-Stage Least Squares

Optimization Start Parameter Estimates			
N	Parameter	Estimate	Gradient
1	_Parm1	−0.09194	−8.19E−18
2	_Parm2	−0.02166	−2.854E−17
3	_Parm3	0.09659	0
4	_Add1	0.22466	6.8182E−17
5	_Add2	0.60633	5.895E−16
6	_Add3	2.66552	2.483E−17
7	_Add4	0.31772	5.4509E−16
8	_Add5	0.12653	−4.01E−16
9	_Add6	0.24425	8.2292E−17
10	_Add7	0.63012	−2.42E−16

Value of Objective Function = 0

SAS 시스템

The CALIS Procedure

Covariance Structure Analysis: Optimization

Levenberg–Marquardt Optimization

Scaling Update of More (1978)

Parameter Estimates	10
Functions (Observations)	10

Optimization Start			
Active Constraints	0	Objective Function	0
Max Abs Gradient Element	5.894975E−16	Radius	1

Optimization Results			
Iterations	0	Function Calls	4
Jacobian Calls	1	Active Constraints	0
Objective Function	0	Max Abs Gradient Element	5.894975E−16
Lambda	0	Actual Over Pred Change	0
Radius	1		

Convergence criterion (ABSGCONV=0.00001) satisfied.

SAS 시스템

The CALIS Procedure

Covariance Structure Analysis: Maximum Likelihood Estimation

Fit Summary		
Modeling Info	Number of Observations	14
	Number of Variables	4
	Number of Moments	10
	Number of Parameters	10
	Number of Active Constraints	0
	Baseline Model Function Value	0.5022
	Baseline Model Chi−Square	6.5280
	Baseline Model Chi−Square DF	6
	Pr > Baseline Model Chi−Square	0.3667

Absolute Index	Fit Function	0.0000
	Chi-Square	0.0000
	Chi-Square DF	0
	Pr > Chi-Square	.
	Z-Test of Wilson &Hilferty	.
	Hoelter Critical N	.
	Root Mean Square Residual (RMR)	0.0000
	Standardized RMR (SRMR)	0.0000
	Goodness of Fit Index (GFI)	1.0000
Parsimony Index	Adjusted GFI (AGFI)	.
	Parsimonious GFI	0.0000
	RMSEA Estimate	.
	Probability of Close Fit	.
	ECVI Estimate	2.5000
	ECVI Lower 90% Confidence Limit	.
	ECVI Upper 90% Confidence Limit	.
	Akaike Information Criterion (AIC)	20.0000
	Bozdogan CAIC	36.3906
	Schwarz Bayesian Criterion	26.3906
	McDonald Centrality	1.0000
Incremental Index	Bentler Comparative Fit Index	1.0000
	Bentler-Bonett NFI	1.0000
	Bentler-Bonett Non-normed Index	.
	Bollen Normed Index Rho1	.
	Bollen Non-normed Index Delta2	1.0000
	James et al. Parsimonious NFI	0.0000

The CALIS Procedure

Covariance Structure Analysis: Maximum Likelihood Estimation

PATH List							
Path			Parameter	Estimate	Standard Error	t Value	Pr > |t|
q1	<===	q2	_Parm1	−0.09194	0.35684	−0.2577	0.7967
q1	<===	q3	_Parm2	−0.02166	0.23731	−0.0913	0.9273
q1	<===	q4	_Parm3	0.09659	0.11205	0.8621	0.3887

Variance Parameters						
Variance Type	Variable	Parameter	Estimate	Standard Error	t Value	Pr > |t|
Exogenous	q2	_Add1	0.22466	0.08812	2.5495	0.0108
	q3	_Add2	0.60633	0.23782	2.5495	0.0108
	q4	_Add3	2.66552	1.04550	2.5495	0.0108
Error	q1	_Add4	0.31772	0.12462	2.5495	0.0108

Covariances Among Exogenous Variables						
Var1	Var2	Parameter	Estimate	Standard Error	t Value	Pr > |t|
q3	q2	_Add5	0.12653	0.10821	1.1693	0.2423
q4	q2	_Add6	0.24425	0.22506	1.0853	0.2778
q4	q3	_Add7	0.63012	0.39353	1.6012	0.1093

Squared Multiple Correlations			
Variable	Error Variance	Total Variance	R−Square
q1	0.31772	0.33830	0.0608

SAS 시스템

The CALIS Procedure

Covariance Structure Analysis: Maximum Likelihood Estimation

Standardized Results for PATH List							
Path			Parameter	Estimate	Standard Error	t Value	Pr > |t|
q1	<===	q2	_Parm1	−0.07492	0.29014	−0.2582	0.7962
q1	<===	q3	_Parm2	−0.02899	0.31761	−0.0913	0.9273
q1	<===	q4	_Parm3	0.27114	0.30603	0.8860	0.3756

Standardized Results for Variance Parameters						
Variance Type	Variable	Parameter	Estimate	Standard Error	t Value	Pr > |t|
Exogenous	q2	_Add1	1.00000			
	q3	_Add2	1.00000			
	q4	_Add3	1.00000			
Error	q1	_Add4	0.93916	0.12850	7.3087	<.0001

Standardized Results for Covariances Among Exogenous Variables						
Var1	Var2	Parameter	Estimate	Standard Error	t Value	Pr > |t|
q3	q2	_Add5	0.34284	0.24475	1.4008	0.1613
q4	q2	_Add6	0.31564	0.24972	1.2640	0.2062
q4	q3	_Add7	0.49566	0.20921	2.3692	0.0178

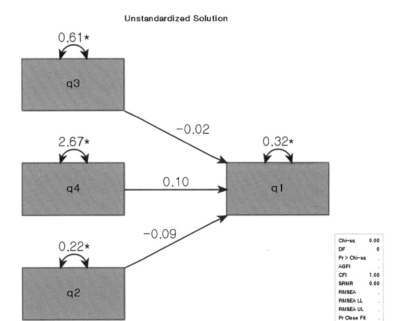

Unstandardized Solution

● 결과 해석

경로 분석 결과 q1에 대한 q2의 효과는 -0.09 (경로계수)이고 q3은 -0.02 (경로계수)이고, q4는 0.1 (경로계수)이다. 그러나, 경로계수들은 모두 유의하지 않았다.

6. Multiple regression과 PATH analysis의 관계

1) Multiple Regression 풀이

SAS 프로그램 10-6-1

```
proc reg data=reaction;
    model  ReactionPercentage=FeedRate Catalyst AgitRate
                              Temperature Concentration;
run;
```

Parameter Estimates					
Variable	DF	Parameter Estimate	Standard Error	t Value	Pr > |t|
Intercept	1	−43.69167	13.04097	−3.35	0.0154
FeedRate	1	1.65000	0.34496	4.78	0.0031
Catalyst	1	12.75000	1.72480	7.39	0.0003
AgitRate	1	−0.02500	0.08624	−0.29	0.7817
Temperature	1	0.16250	0.04312	3.77	0.0093
Concentration	1	4.96667	0.57493	8.64	0.0001

2) PATH analysis 풀이

SAS 프로그램 10-6-2

```
ods graphics on;
proc calis data=reaction plot=pathdiagram;

path
ReactionPercentage <- FeedRate,
ReactionPercentage <- Catalyst,
ReactionPercentage <- AgitRate,
ReactionPercentage <- Temperature,
ReactionPercentage <- Concentration;
run;
ods graphics off;
quit;
```

◑ 결과 10-6-2

SAS 시스템

The CALIS Procedure

Covariance Structure Analysis: Maximum Likelihood Estimation

PATH List							
Path			Parameter	Estimate	Standard Error	t Value	Pr > |t|
ReactionPercentage	<=	FeedRate	_Parm1	1.65000	0.25477	6.4764	<.0001
ReactionPercentage	<=	Catalyst	_Parm2	12.75000	1.27385	10.0090	<.0001
ReactionPercentage	<=	AgitRate	_Parm3	−0.02500	0.06369	−0.3925	0.6947
ReactionPercentage	<—	Temperature	_Parm4	0.16250	0.03185	5.1026	<.0001
ReactionPercentage	<=	Concentration	_Parm5	4.96667	0.42462	11.6968	<.0001

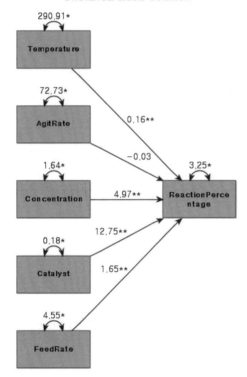

Unstandardized Solution

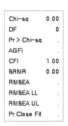

● 결과 해석

다중 회귀 분석에서 ReactionPercentage = −43.69167(Intercept) + 1.65 × FeedRate + 12.75 × Catalyst - 0.025 × AgitRate + 0.16250 × Temperature + 4.96667× Concentration로 분석되었다. 'AgitRate'는 회귀계수 -0.02500이고 Pr >|t| 는 0.7817로 유의하지 않았고 나머지 항목들은 1%에서 유의하였다.

경로 분석에서 'ReactionPercentage'에 대한 'FeedRate'의 경로계수는 1.65로 1%에서 유의성이 있었다. 이 경로계수들은 다중 회귀분석에서의 회귀계수와 같다. 각각의 유의성을 나타내는 Pr > |t| 값 역시 경로 분석의 Pr > |t| 값과 같다.

이상의 결과를 종합하면 보면 경로 분석(PATH analysis)은 회귀분석을 기초로 한 분석방법임을 알 수 있다.

① **단순 회귀**: 종속변수 하나에 독립변수 한 개일 때 사용한다.
② **2차 이상으로 표현되는 회귀와 비선형 회귀**: 단순 회귀방법처럼 종속변수 하나에 독립변수 한 개일 때 사용한다. 비선형 회귀 분석은 풀이 방법이 일반 단순 회귀분석 방법과의 차이 때문에 별도의 Procedure로 처리한다.
③ **다중 회귀**: 종속변수 한 개에 독립변수 여러 개일 때 사용한다.
④ **경로 분석**: 종속변수 여러 개에 독립변수 여러 개를 분석할 때 사용한다. 위 예와 같이 직접 효과에 대한 경로계수는 다중회귀분석의 회귀계수와 같지만 여러 항목들에 의해 발생되는 간접효과에 대한 경로계수는 경로 분석에서만 분석할 수 있다.

7. 경로 분석의 직접 효과와 간접효과

경로 분석의 효과는 직접 효과와 간접효과가 있다. 어떤 항목과 다른 항목의 효과를 알아보기 위해서 직접 효과뿐 아니라 간접효과를 종합한 전체효과로 설명하는 것이 정확한 분석이 된다.

SAS 프로그램 10-7-1

```
ods graphics on;
proc calis data=reaction plot=pathdiagram;

path
ReactionPercentage <- FeedRate,
ReactionPercentage <- Catalyst,
ReactionPercentage <- AgitRate,
```

```
ReactionPercentage <- Temperature,
ReactionPercentage <- Concentration,

FeedRate <- Catalyst,
FeedRate <- AgitRate,
FeedRate <- Temperature,
FeedRate <- Concentration,

Catalyst <- AgitRate,
Catalyst <- Temperature,
Catalyst <- Concentration,

AgitRate <- Temperature,
AgitRate <- Concentration,

Temperature <- Concentration;

run;
ods graphics off;
quit;
```

○ 결과 10-7-1

PATH List							
Path			Parameter	Estimate	Standard Error	t Value	Pr > |t|
ReactionPercentage	<==	FeedRate	_Parm01	1.65000	0.25477	6.4765	<.0001
ReactionPercentage	<==	Catalyst	_Parm02	12.75000	1.27385	10.0090	<.0001
ReactionPercentage	<==	AgitRate	_Parm03	−0.02500	0.06369	−0.3925	0.6947
ReactionPercentage	<==	Temperature	_Parm04	0.16250	0.03185	5.1026	<.0001
ReactionPercentage	<==	Concentration	_Parm05	4.96667	0.42462	11.6968	<.0001
FeedRate	<==	Catalyst	_Parm06	2.25939E−6	1.50758	1.499E−6	1.0000

FeedRate	<==	AgitRate	_Parm07	4.55901E−9	0.07538	6.048E−8	1.0000
FeedRate	<==	Temperature	_Parm08	6.5306E−13	0.03769	1.73E−11	1.0000
FeedRate	<==	Concentration	_Parm09	1.1331E−10	0.50253	2.25E−10	1.0000
Catalyst	<==	AgitRate	_Parm10	4.7225E−19	0.01508	3.13E−17	1.0000
Catalyst	<==	Temperature	_Parm11	3.166E−18	0.00754	4.2E−16	1.0000
Catalyst	<==	Concentration	_Parm12	7.1401E−17	0.10050	7.1E−16	1.0000
AgitRate	<==	Temperature	_Parm13	−2.124E−18	0.15076	−141E−19	1.0000
AgitRate	<==	Concentration	_Parm14	−7.207E−17	2.01008	−359E−19	1.0000
Temperature	<==	Concentration	_Parm15	−3.388E−17	4.02015	−843E−20	1.0000

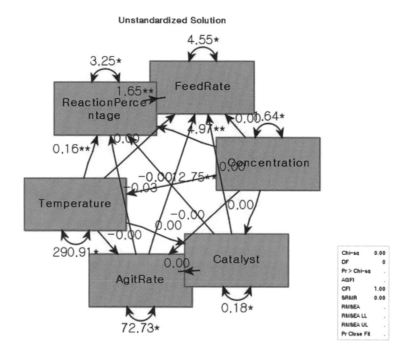

전체효과를 분석하기 위하여 우선 여러 경로를 정의하여 분석한 결과이다. 매우 복잡한 diagram이 분석되어 판단하기 어렵기 때문에 직접 효과 분석에서 유의하지 않은 'AgitRate' 위주로 분석한 예는 다음과 같다.

SAS 프로그램 10-7-2

```
ods graphics on;
proc calis data=reaction plot=pathdiagram;

path
ReactionPercentage <- FeedRate,
ReactionPercentage <- Catalyst,
ReactionPercentage <- AgitRate,
ReactionPercentage <- Temperature,
ReactionPercentage <- Concentration,

FeedRate <- AgitRate,
Catalyst <- AgitRate,
Temperature <- AgitRate,
Concentration <- AgitRate;
run;
ods graphics off;
quit;
```

○ 결과 10-7-2

PATH List							
Path			Parameter	Estimate	Standard Error	t Value	Pr > |t|
ReactionPercentage	<==	FeedRate	_Parm1	1.65000	0.25477	6.4764	<.0001
ReactionPercentage	<==	Catalyst	_Parm2	12.75000	1.27385	10.0090	<.0001
ReactionPercentage	<==	AgitRate	_Parm3	−0.02500	0.06369	−0.3925	0.6947
ReactionPercentage	<==	Temperature	_Parm4	0.16250	0.03185	5.1026	<.0001
ReactionPercentage	<==	Concentration	_Parm5	4.96667	0.42462	11.6968	<.0001
FeedRate	<==	AgitRate	_Parm6	2.3061E−20	0.07538	3.06E−19	1.0000
Catalyst	<==	AgitRate	_Parm7	5.9437E−21	0.01508	3.94E−19	1.0000
Temperature	<==	AgitRate	_Parm8	−1.94E−19	0.60302	−322E−21	1.0000
Concentration	<==	AgitRate	_Parm9	1.612E−20	0.04523	3.56E−19	1.00.

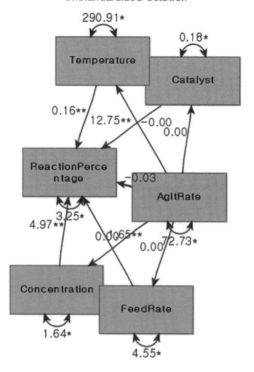

Unstandardized Solution

Chi-sq	0.00
DF	6
Pr > Chi-sq	1.00
AGFI	1.00
CFI	1.00
SRMR	0.00
RMSEA	0.00
RMSEA LL	0.00
RMSEA UL	0.00
Pr Close Fit	1.00

'AgitRate'는 'ReactionPercentage'에 대한 효과가 유의하지 않았다. 'AgitRate'는 다른 항목과의 경로계수 분석에서 0에 가까운 경로계수를 가지므로 간접 효과는 없을 것으로 추론되지만, 다른 항목을 통한 영향력(간접 효과)을 분석하기 위하여 간접 효과 분석을 하였다.

SAS 프로그램 10-7-3

```
ods graphics on;
proc calis data=reaction plot=pathdiagram;

path
ReactionPercentage <- FeedRate,
ReactionPercentage <- Catalyst,
ReactionPercentage <- AgitRate,
ReactionPercentage <- Temperature,
```

```
ReactionPercentage <- Concentration,

Concentration <- AgitRate;
effpart ReactionPercentage <- AgitRate;

run;
ods graphics off;
quit;
```

프로그램에서는 'AgitRate'가 'Concentration'을 경유하여 'ReactionPercentage'에 얼마나 간접효과를 주는가를 분석하기 위하여 작성하였고, 'AgitRate'가 'Concentration'을 경유하여 'ReactionPercentage'에 대한 간접효과를 확인하기 위하여 분석을 하였다.

○ 결과 10-7-3

	FeedRate	Catalyst	AgitRate	Temperature	Concentration	Reaction Percentage
피어슨 상관 계수, N = 12 H0: Rho=0 가정하에서 Prob >|r|						
FeedRate	1.00000	0.00000 1.0000	0.00000 1.0000	0.00000 1.0000	0.00000 1.0000	0.36425 0.2444
Catalyst	0.00000 1.0000	1.00000	0.00000 1.0000	0.00000 1.0000	0.00000 1.0000	0.56293 0.0567
AgitRate	0.00000 1.0000	0.00000 1.0000	1.0000	0.00000 1.0000	0.00000 1.0000	−0.02208 0.9457
Temperature	0.00000 1.0000	0.00000 1.0000	0.00000 1.0000	1.0000	0.00000 1.0000	0.28699 0.3658
Concentration	0.00000 1.0000	0.00000 1.0000	0.00000 1.0000	0.00000 1.0000	1.00000	0.65786 0.0201
ReactionPercentage	0.36425 0.2444	0.56293 0.0567	−0.02208 0.9457	0.28699 0.3658	0.65786 0.0201	1.00000

PATH List							
Path			Parameter	Estimate	Standard Error	t Value	Pr > |t|
ReactionPercentage	<==	FeedRate	_Parm1	1.65000	0.25477	6.4764	<.0001
ReactionPercentage	<==	Catalyst	_Parm2	12.75000	1.27385	10.0090	<.0001
ReactionPercentage	<==	AgitRate	_Parm3	−0.02500	0.06369	−0.3925	0.6947
ReactionPercentage	<==	Temperature	_Parm4	0.16250	0.03185	5.1026	<.0001
ReactionPercentage	<==	Concentration	_Parm5	4.96667	0.42461	11.6971	<.0001
Concentration	<==	AgitRate	_Parm6	3.4694E−18	0.04523	7.67E−17	1.0000

Effects on ReactionPercentage			
Effect / Std Error / t Value / p Value			
	Total	Direct	Indirect
AgitRate	−0.025	−0.025	1.74E−17
	0.2335	0.0637	0.2246
	−0.1071	−0.3925	7.72E−17
	0.9147	0.6947	1.0000

Unstandardized Solution

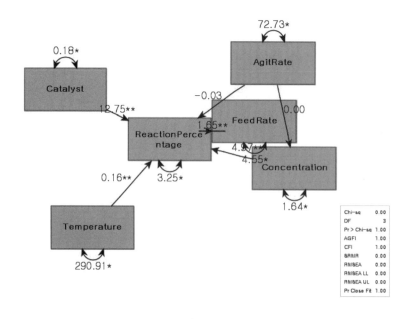

● 결과 해석

상관 분석에서 'AgitRate'는 'ReactionPercentage'와의 상관관계가 유의하지 않은 것으로 분석되어 경로 분석에서 경로계수도 유의하지 않았다. 또한, 'AgitRate'는 다른 항목과도 상관관계가 유의하지 않으므로 'AgitRate'와 다른 항목을 통한 간접효과가 없는 것으로 분석되는 것이다. 'FeedRate'는 'ReactionPercentage'와의 상관관계가 유의하지 않았지만, 경로계수는 유의하게 분석되었다. 'Effects on ReactionPercentage' table은 간접 효과 분석의 결과이다. 여기에는 직접 효과, 간접효과 그리고 총 효과의 분석을 나타낸다. 그러나 'AgitRate'가 'Concentration'을 통한 효과에서 간접효과 'Indirect'가 매우 적을 뿐만 아니라 유의하지 않아 간접효과는 없는 것으로 판단한다. 이와같이 경로 분석에서는 직접 효과뿐만 아니라 숨겨져 있는 간접효과까지 분석할 수 있는 유용한 방법이다.

경로 분석을 진행하면 비표준화 결과(PATH List)와 표준화 결과(Standardized Results for PATH List)가 출력되는데 표준화에 대한 설명은 Cluster에 나와 있으므로 참고하길 바란다.

※ 경로 분석에서 유의성 검정

유형	적합지수	최적모델
절대적합지수	Chi-square	<0.05
	GFI	0.09이상, 1.0에 가까수록
	RMR	0.05이하, 0에 가까울수록
	RMSEA	0.05이하, 0에 가까울수록
증분적합지수	NFI	0.09이상, 1.0에 가까울수록
	TLI	0.09이상, 1.0에 가까울수록
	CFI	0.09이상, 1.0에 가까울수록
간명적합지수	AGFI	0.09이상, 1.0에 가까울수록
	AIC	작은 값일수록(다른 모델과 비교)

'Fit Summary'에는 각종 검정에 대한 값이 출력된다. 각종 검정 값들은 필요에 따라 선택적으로 설명하면 된다.

※ 경로 분석의 다양한 예

다음은 경로 분석의 여러 예이다.

경로 분석에서 탐색적 경로 분석을 진행한 후, 이론적 경로에 대한 분석을 진행하여 여러 형태의 경로를 구성할 수 있는데 특히 조사항목의 수가 많아 단순한 경로로 해석이 가능하지 않을 때, 주성분 분석을 하여 Factor로 모아 분석할 수 있다.

예1)

예2)

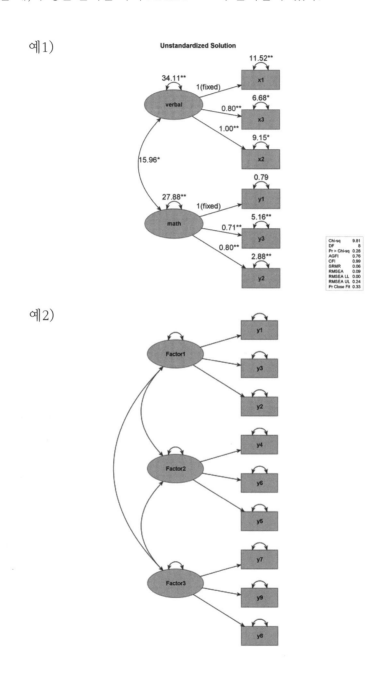

예3)

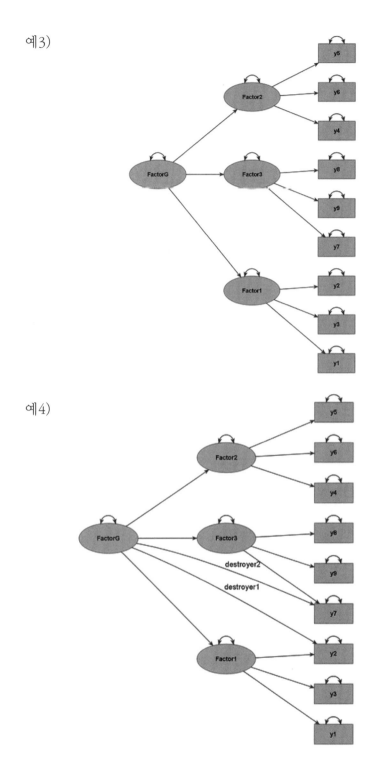

예4)

예와 같이 경로 분석(PATH analysis)은 주성분 분석(PCA)과 혼합하여 분석에 이용한다.

군집 분석
CLUSTER analysis

　다 변량 자료를 이용하여 군집의 개수, 내용, 구조 등이 사전에 정의되어 있지 않은 상황에서 변수들의 유사성에 의해 반복을 몇 개의 군집으로 집단화 함으로서 동일 집단 내에 속해 있는 공통된 특성들을 파악하는 방법이다.

SAS 프로그램 11-1

```
DATA kim;
  INPUT  POP SCHOOL EMPLOY SERVICE HOUSE;
  CARDS;
  5700  12.8   2500    270  25000
  3400   8.8   1000     10   9000
  4000  12.8   1600    140  25000
  1200  11.4    400     10  16000
  9900  12.5   3400    180  18000
  9600   9.6   3300     80  12000
  1000  10.9    600     10  10000
  3800  13.6   1700    140  25000
  8200   8.3   2600     60  12000
  9100  11.5   3300     60  14000
  9600  13.7   3600    390  25000
  9400  11.4   4000    100  13000
```

```
RUN;

proc means mean std;
run;

proc cluster data=kim s std method=average ccc rsq outtree=treex;
run;

proc tree data=treex list;
run;

proc fastclus data=kim maxclusters=3 maxiter=10;
run;
```

○ 결과 11-1

SAS 시스템

MEANS 프로시저

변수	평균	표준편차
POP	6241.67	3439.99
SCHOOL	11.441667	1.7865448
EMPLOY	2333.33	1241.21
SERVICE	120.83333	114.92751
HOUSE	17000	6367.53

SAS 시스템

The CLUSTER Procedure

Average Linkage Cluster Analysis

Variable	Mean	Standard Deviation	Skewness	Kurtosis	Bimodality
POP	6241.7	3440.0	−0.3591	−1.6235	0.4685
SCHOOL	11.4417	1.7865	−0.5372	−0.7312	0.3902
EMPLOY	2333.3	1241.2	−0.3279	−1.3813	0.4176
SERVICE	120.8	114.9	1.3245	1.6026	0.4887
HOUSE	17000.0	6367.5	0.3600	−1.6878	0.4816

Eigenvalues of the Correlation Matrix				
	Eigenvalue	Difference	Proportion	Cumulative
1	2.87331359	1.07665350	0.5747	0.5747
2	1.79666009	1.58182321	0.3593	0.9340
3	0.21483689	0.11490283	0.0430	0.9770
4	0.09993405	0.08467868	0.0200	0.9969
5	0.01525537		0.0031	1.0000

The data have been standardized to mean 0 and variance 1

Root−Mean−Square Total−Sample Standard Deviation 1

Root−Mean−Square Distance Between Observations	3.162278

Cluster History								
Number of Clusters	Clusters Joined		Freq	Semipartial R−Square	R−Square	Approximate Expected R−Square	Cubic Clustering Criterion	Norm RMS Distance	Tie
11	OB3	OB8	2	0.0019	.998	.	.	0.145	
10	OB10	OB12	2	0.0043	.994	.	.	0.2179	
9	OB4	OB7	2	0.0091	.985	.	.	0.3155	
8	OB6	OB9	2	0.0095	.975	.	.	0.323	

7	OB5	CL10	3	0.0203	.955	.	.	0.4239
6	OB1	CL11	3	0.0251	.930	.	.	0.461
5	OB2	CL9	3	0.0331	.897	.	.	0.5462
4	CL7	CL8	5	0.0694	.827	.	.	0.6242
3	CL6	OB11	4	0.1004	.727	.	.	0.8863
2	CL3	CL⁄	9	0.3331	.394	.533	−1.4	1.0552
1	CL2	CL5	12	0.3938	.000	.000	0.00	1.1767

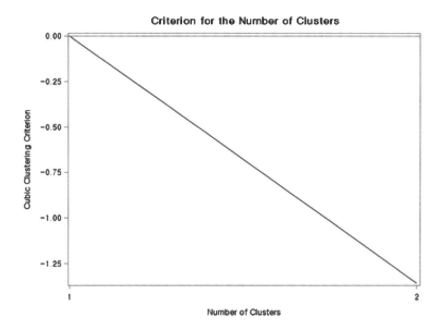

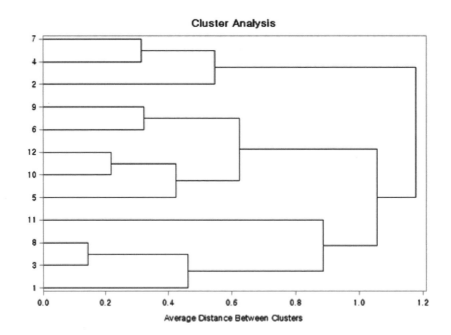

SAS 시스템

The TREE Procedure

Average Linkage Cluster Analysis

CL1	1.176676		CL2
			CL5
CL2	1.055201	CL1	CL3
			CL4
CL3	0.886338	CL2	CL6
			OB11
CL6	0.460976	CL3	OB1
			CL11
OB1	0	CL6	
CL11	0.145048	CL6	OB3
			OB8
OB3	0	CL11	
OB8	0	CL11	
OB11	0	CL3	
CL4	0.624169	CL2	CL7
			CL8
CL7	0.423896	CL4	OB5
			CL10

OB5	0	CL7	
CL10	0.217852	CL7	OB10
			OB12
OB10	0	CL10	
OB12	0	CL10	
CL8	0.323027	CL4	OB6
			OB9
OB6	0	CL8	
OB9	0	CL8	
CL5	0.546174	CL1	OB2
			CL9
OB2	0	CL5	
CL9	0.315526	CL5	OB4
			OB7
OB4	0	CL9	
OB7	0	CL9	

The TREE Procedure

Average Linkage Cluster Analysis

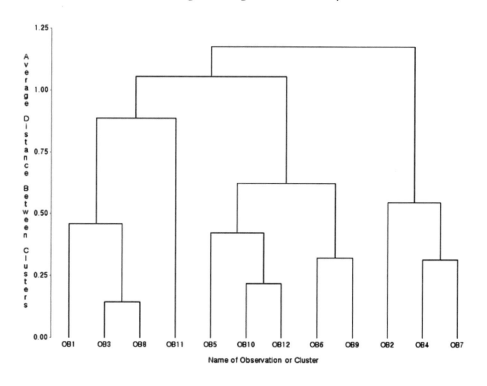

SAS 시스템

The FASTCLUS Procedure

Replace=FULL Radius=0 Maxclusters=3 Maxiter=10 Converge=0.02

Initial Seeds					
Cluster	POP	SCHOOL	EMPLOY	SERVICE	HOUSE
1	3800.00000	13.60000	1700.00000	140.00000	25000.00000
2	1000.00000	10.90000	600.00000	10.00000	10000.00000
3	9400.00000	11.40000	4000.00000	100.00000	13000.00000

Minimum Distance Between Initial Seeds =	9546.104

Iteration History				
Iteration	Criterion	Relative Change in Cluster Seeds		
		1	2	3
1	1400.9	0.2180	0.1969	0.1113
2	1184.6	0	0	0

Convergence criterion is satisfied.

Criterion Based on Final Seeds =	1184.6

Cluster Summary						
Cluster	Frequency	RMS Std Deviation	Maximum Distance from Seed to Observation	Radius Exceeded	Nearest Cluster	Distance Between Cluster Centroids
1	4	1272.8	4027.1		3	11764.6
2	3	1800.0	4392.4		3	8121.9
3	5	1172.4	4253.1		2	8121.9

Statistics for Variables				
Variable	Total STD	Within STD	R-Square	RSQ/(1-RSQ)
POP	3440	1730	0.793145	3.834300
SCHOOL	1.78654	1.32775	0.548090	1.212832
EMPLOY	1241	645.03804	0.779032	3.525547
SERVICE	114.92751	76.89820	0.633702	1.730020
HOUSE	6368	2437	0.880120	7.341646
OVER-ALL	3284	1368	0.858088	6.046632

Pseudo F Statistic =	27.21

Approximate Expected Over-All R-Squared =	.

Cubic Clustering Criterion =	.

WARNING: The two values above are invalid for correlated variables.

Cluster Means					
Cluster	POP	SCHOOL	EMPLOY	SERVICE	HOUSE
1	5775.00000	13.22500	2350.00000	235.00000	25000.00000
2	1866.66667	10.36667	666.66667	10.00000	11666.66667
3	9240.00000	10.66000	3320.00000	96.00000	13800.00000

Cluster Standard Deviations					
Cluster	POP	SCHOOL	EMPLOY	SERVICE	HOUSE
1	2688.710967	0.492443	925.562892	120.138809	0.000000
2	1331.665624	1.379613	305.505046	0.000000	3785.938897
3	650.384502	1.683152	496.990946	49.799598	2489.979920

● 결과 해석

'Eigenvalues of the Correlation Matrix' table에서 Proportion과 Cumulative를 검토하여 나눌 군집의 수를 결정하여야 한다. 일반적으로 Proportion이 10% 미만이 되고, Cumulative가 90%를 넘으면 더 이상의 cluster로 나누지 않는다. 이것은 자료에 대하여 분석된 결과가 90% 이상 설명할 수 있다는 의미이며, 그 이상의 군집은 10%미만을 설명하고 있다는 의미이다. 그 이상의 cluster로 나누기를 원하는 경우, 그 이유에 대하여 특별하게 설명할 필요가 요구된다. 그러나 Cluster Analysis는 cluster만 나누어줄 뿐이다. 만약 보고서에 사용한다면 이후에 cluster 간에 기준이 되는 변수 외, 각 cluster에 연결되는 다른 변수들을 cluster 별로 분산분석과 같은 또 다른 분석법으로 분석하여 설명해야 한다. 결과적으로 기준 변수들의 유사한 형태를 이용하여 나눈 뒤, cluster 간에 차이 검정을 해야 한다. 이에 따라 반복 수가 많을수록 유의하며 일반적으로 반복 수는 조사된 변수(항목)의 수에 10배 정도는 되어야 한다. TREE는 그림으로 cluster의 모양을 보여주며 반복 수가 많아지게 되면 확인하기 힘들게 된다. 그러한 문제는 'The TREE Procedure'의 'Average Linkage Cluster Analysis' table을 이용하여 확인할 수 있다.

1. 군집이 되어가는 과정

지금부터는 군집이 되어가는 과정을 설명하기로 한다.

다음은 리커트 척도로 조사된 가상 자료이다. 실제 자료는 이 자료에 이어서 연속형 자료가 더 조사되었는데 군집 과정만을 설명하기 위해서 연속형 자료는 표현하지 않았다.

항목 반복	a1	a2	a3	a4	a5	a6	a7	a8	a9	a10	···
1	1	3	5	4	4	2	5	3	1	2	
2	1	5	5	5	4	5	1	3	2	3	
3	2	2	4	3	4	1	5	3	1	5	
4	2	4	4	4	4	3	5	3	2	1	
5	3	1	1	5	4	2	2	3	3	4	

6	3	3	1	2	4	3	5	3	2	5	
7	4	2	2	2	4	4	5	3	1	1	
8	4	5	2	3	4	4	1	3	1	2	
9	5	1	3	1	4	5	2	3	4	4	
10	5	5	3	1	4	2	1	3	2	4	

1차 검토

반복 1과 2

반복											합계
반복1	1	3	5	4	4	2	5	3	1	2	
반복2	1	5	5	5	4	5	1	3	2	3	
차이	0	2	0	1	0	3	4	0	1	1	12

반복 1과 3

반복											합계
반복1	1	3	5	4	4	2	5	3	1	2	
반복3	2	2	4	3	4	1	5	3	1	5	
차이	1	1	1	1	0	1	0	0	0	3	8

반복 1과 4

반복											합계
반복1	1	3	5	4	4	2	5	3	1	2	
반복4	2	4	4	4	4	3	5	3	2	1	
차이	1	1	1	0	0	1	0	0	1	1	6

반복 1과 5

반복											합계
반복1	1	3	5	4	4	2	5	3	1	2	
반복5	3	1	1	5	4	2	2	3	3	4	
차이	2	2	4	1	0	0	3	0	2	2	16

반복 1과 6

반복											합계
반복1	1	3	5	4	4	2	5	3	1	2	
반복6	3	3	1	2	4	3	5	3	2	5	
차이	2	0	4	2	0	1	0	0	1	3	13

반복 1과 7

반복											합계
반복1	1	3	5	4	4	2	5	3	1	2	
반복7	4	2	2	2	4	4	5	3	1	1	
차이	3	1	3	2	0	2	0	0	0	1	12

반복 1과 8

반복											합계
반복1	1	3	5	4	4	2	5	3	1	2	
반복8	4	5	2	3	4	4	1	3	1	2	
차이	3	2	3	1	0	2	4	0	0	0	15

반복 1과 9

반복											합계
반복1	1	3	5	4	4	2	5	3	1	2	
반복9	5	1	3	1	4	5	2	3	4	4	
차이	4	2	2	3	0	3	3	0	3	2	22

반복 1과 10

반복											합계
반복1	1	3	5	4	4	2	5	3	1	2	
반복10	5	5	3	1	4	2	1	3	2	4	
차이	4	2	2	3	0	0	4	0	1	2	18

1차 검토에서 차이의 합계가 가장 적은 1과 4가 선택되어 첫 번째 Clustering이 되었다. 다음 다른 조합도 계속 적으로 비교하여 차이 합계가 작으면 선택되어 진다.

2차 검토

1차에서 선택된 반복 1과 4의 평균을 다른 반복과 비교한다.

반복											합계
반복1	1	3	5	4	4	2	5	3	1	2	
반복4	2	4	4	4	4	3	5	3	2	1	
평균	1.5	3.5	4.5	4	4	2.5	5	3	1.5	1.5	
반복2	1	5	5	5	4	5	1	3	2	3	
차이	0.5	1.5	0.5	1	0	2.5	4	0	0.5	1.5	12

반복											합계
반복1	1	3	5	4	4	2	5	3	1	2	
반복4	2	4	4	4	4	3	5	3	2	1	
평균	1.5	3.5	4.5	4	4	2.5	5	3	1.5	1.5	
5	3	1	1	5	4	2	2	3	3	4	
차이	1.5	2.5	3.5	1	0	0.5	3	0	1.5	2.5	16

-- 중략 --

1차에서 선택된 반복 1과 4의 평균을 반복 7과 비교한다.

반복											합계
반복1	1	3	5	4	4	2	5	3	1	2	
반복4	2	4	4	4	4	3	5	3	2	1	
평균	1.5	3.5	4.5	4	4	2.5	5	3	1.5	1.5	
반복7	4	2	2	2	4	4	5	3	1	1	
차이	2.5	1.5	2.5	2	0	1.5	0	0	0.5	0.5	11

계속 진행하여 차이 합계가 가장 적은 반복 1과 4에 상위 단계로 반복 7이 연결된다.

이상의 결과에 대한 Tree를 보면 다음과 같다.

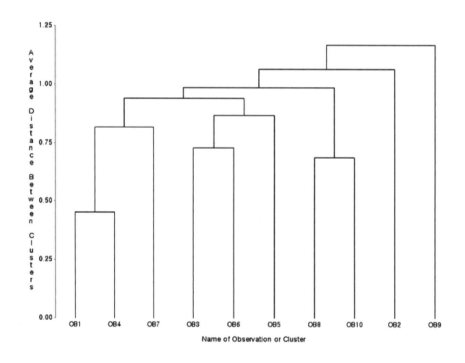

반복의 수가 많아지면 Tree는 구분하기 어렵게 된다. 다음 표를 이용하여 Tree를 추론
할 수 있도록 노력하는 것이 요구된다.

CL1	1.168146		CL2
			OB9
CL2	1.065398	CL1	CL3
			OB2
CL3	0.985891	CL2	CL4
			CL8
CL4	0.938336	CL3	CL6
			CL5
CL6	0.817191	CL4	CL9
			OB7
CL9	0.4519	CL6	OB1
			OB4
OB1	0	CL9	
OB4	0	CL9	
OB7	0	CL6	
CL5	0.86817	CL4	CL7
			OB5
CL7	0.728201	CL5	OB3
			OB6
OB3	0	CL7	
OB6	0	CL7	
OB5	0	CL5	
CL8	0.687564	CL3	OB8
			OB10
OB8	0	CL8	
OB10	0	CL8	
OB2	0	CL2	
OB9	0	CL1	

예)
CL = cluster
OB = observation

군집분석은 리커트 척도의 자료에서는 문제가 없지만, 일반 연속형 자료를 사용할 때, 또는 군집분석을 하고자 하는 여러 조사항목 중에서 어느 하나라도 일반 연속형 자료를 포함되게 된다면 조사항목들의 척도가 다르기 때문에 자료를 표준화하여 처리해야 한다. 즉 리커드 척도 항목 5개와 수입, 나이와 같은 일반 연속형 자료들이 혼합된 자료가 있다면 단위가 리커트 척도는 1-5 사이의 자료이고 수입은 단위를 만 단위로 조사되었더라도 수입의 척도는 자료의 범위가 다른 리커트 척도의 자료보다 크게 되므로 단위가 큰 수입 자료의 변화에 의하여 우선적으로 군집이 변하게 된다. 이러한 특징으로 일반 연속형 자료를 대상으로 군집분석을 하는 경우는 반드시 표준화 작업을 진행한 자료를 가지고 군집분석을 진행해야 한다.

2. 표준화(Standardization)

SAS 프로그램 11-2

```
DATA kim;
  INPUT  POP SCHOOL EMPLOY SERVICE HOUSE;
  CARDS;
  5700  12.8  2500   270  25000
  3400   8.8  1000    10   9000
  4000  12.8  1600   140  25000
  1200  11.4   400    10  16000
  9900  12.5  3400   180  18000
  9600   9.6  3300    80  12000
  1000  10.9   600    10  10000
  3800  13.6  1700   140  25000
  8200   8.3  2600    60  12000
  9100  11.5  3300    60  14000
  9600  13.7  3600   390  25000
  9400  11.4  4000   100  13000
RUN;

proc print;
run;

proc means mean std;
run;
```

평균을 10으로 편차를 10으로 다음
var에 정의된 변수들을 표준화한다.

```
proc standard data=kim out=kim1 mean=10 std=10;
var POP SCHOOL EMPLOY SERVICE HOUSE;
run;
```

```
proc print;
run;

proc means mean std;
run;
```

● 결과 11-2

① 표준화하지 않은 경우의 자료

SAS 시스템

OBS	POP	SCHOOL	EMPLOY	SERVICE	HOUSE
1	5700	12.8	2500	270	25000
2	3400	8.8	1000	10	9000
3	4000	12.8	1600	140	25000
4	1200	11.4	400	10	16000
5	9900	12.5	3400	180	18000
6	9600	9.6	3300	80	12000
7	1000	10.9	600	10	10000
8	3800	13.6	1700	140	25000
9	8200	8.3	2600	60	12000
10	9100	11.5	3300	60	14000
11	9600	13.7	3600	390	25000
12	9400	11.4	4000	100	13000

SAS 시스템

MEANS 프로시저

변수	평균	표준편차
POP	6241.67	3439.99
SCHOOL	11.441667	1.7865448
EMPLOY	2333.33	1241.21
SERVICE	120.83333	114.92751
HOUSE	17000	6367.53

② 표준화한 경우의 자료

SAS 시스템

OBS	POP	SCHOOL	EMPLOY	SERVICE	HOUSE
1	8.4254	17.6031	11.3428	22.9792	22.5637
2	1.7393	−4.7865	−0.7422	0.3562	−2.5637
3	3.4835	17.6031	4.0918	11.6677	22.5637
4	−4.6560	9.7668	−5.5762	0.3562	8.4295
5	20.6347	15.9239	18.5938	15.1482	11.5705
6	19.7626	−0.3085	17.7881	6.4470	2.1477
7	−5.2374	6.9681	−3.9649	0.3562	−0.9933
8	2.9021	22.0810	4.8975	11.6677	22.5637
9	15.6928	−7.5852	12.1484	4.7068	2.1477
10	18.3091	10.3265	17.7881	4.7068	5.2886
11	19.7626	22.6408	20.2051	33.4206	22.5637
12	19.1812	9.7668	23.4277	8.1873	3.7181

SAS 시스템

MEANS 프로시저

변수	평균	표준편차
POP	10.000000	10.000000
SCHOOL	10.000000	10.000000
EMPLOY	10.000000	10.000000
SERVICE	10.000000	10.000000
HOUSE	10.000000	10.000000

표준화 작업에 의하여 원자료①가 표준화된 자료②로 변환되었다. 표준화한 자료와 표준화하지 않은 자료는 다르게 나타난다. 표준화는 종속변수에 대한 독립 변수의 영향력을 동일하게 조절하는 작업이다. 즉 자료의 형태에 따라 표준화 여부를 결정하여야 한다. 표준화 작업 중에서 정의하는 평균과 편차는 임의로 정하여 사용한다.

3. CLUSTER 사이의 유의성 검정

1) 표준화하지 않고 군집분석을 한 경우

SAS 프로그램 11-3-1

```
proc cluster data=kim out = kim1 s std method=average ccc rsq;
run;

proc tree data=kim1 list;
run;

proc fastclus data=kim out = kim1 maxclusters=3 maxiter=10;
run;

proc means data kim1;
class cluster;
run;
```

```
proc anova data = kim1;
class cluster;
model pop = cluster;
means cluster/duncan;
run;

proc anova data = kim1;
class cluster;
model school = cluster;
means cluster/duncan;
run;

proc anova data = kim1;
class cluster;
model employ = cluster;
means cluster/duncan;
run;

proc anova data = kim1;
class cluster;
model service = cluster;
means cluster/duncan;
run;

proc anova data = kim1;
class cluster;
model house = cluster;
means cluster/duncan;
run;
```

○ 결과 11-3-1

SAS 시스템

The CLUSTER Procedure

Average Linkage Cluster Analysis

Variable	Mean	Standard Deviation	Skewness	Kurtosis	Bimodality
POP	6241.7	3440.0	−0.3591	−1.6235	0.4685
SCHOOL	11.4417	1.7865	−0.5372	−0.7312	0.3902
EMPLOY	2333.3	1241.2	−0.3279	−1.3813	0.4176
SERVICE	120.8	114.9	1.3245	1.6026	0.4887
HOUSE	17000.0	6367.5	0.3600	−1.6878	0.4816

Eigenvalues of the Correlation Matrix				
	Eigenvalue	Difference	Proportion	Cumulative
1	2.87331359	1.07665350	0.5747	0.5747
2	1.79666009	1.58182321	0.3593	0.9340
3	0.21483689	0.11490283	0.0430	0.9770
4	0.09993405	0.08467868	0.0200	0.9969
5	0.01525537		0.0031	1.0000

The data have been standardized to mean 0 and variance 1

Root−Mean−Square Total−Sample Standard Deviation	1

Root−Mean−Square Distance Between Observations	3.162278

Cluster History									
Number of Clusters	Clusters Joined		Freq	Semipartial R–Square	R–Square	Approximate Expected R–Square	Cubic Clustering Criterion	Norm RMS Distance	Tie
11	OB3	OB8	2	0.0019	.998	.	.	0.145	
10	OB10	OB12	2	0.0043	.994	.	.	0.2179	
9	OB4	OB7	2	0.0091	.985	.	.	0.3155	
8	OB6	OB9	2	0.0095	.975	.	.	0.323	
7	OB5	CL10	3	0.0203	.955	.	.	0.4239	
6	OB1	CL11	3	0.0251	.930	.	.	0.461	
5	OB2	CL9	3	0.0331	.897	.	.	0.5462	
4	CL7	CL8	5	0.0694	.827	.	.	0.6242	
3	CL6	OB11	4	0.1004	.727	.	.	0.8863	
2	CL3	CL4	9	0.3331	.394	.533	−1.4	1.0552	
1	CL2	CL5	12	0.3938	.000	.000	0.00	1.1767	

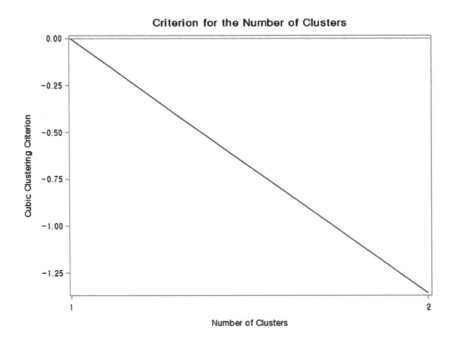

Criterion for the Number of Clusters

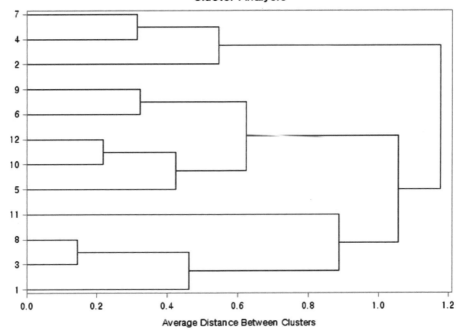

Cluster Analysis

Average Distance Between Clusters

SAS 시스템

The TREE Procedure

Average Linkage Cluster Analysis

CL1	1.176676		CL2
			CL5
CL2	1.055201	CL1	CL3
			CL4
CL3	0.886338	CL2	CL6
			OB11
CL6	0.460976	CL3	OB1
			CL11
OB1	0	CL6	
CL11	0.145048	CL6	OB3
			OB8
OB3	0	CL11	
OB8	0	CL11	
OB11	0	CL3	
CL4	0.624169	CL2	CL7
			CL8

CL7	0.423896	CL4	OB5
			CL10
OB5	0	CL7	
CL10	0.217852	CL7	OB10
			OB12
OB10	0	CL10	
OB12	0	CL10	
CL8	0.323027	CL4	OB6
			OB9
OB6	0	CL8	
OB9	0	CL8	
CL5	0.546174	CL1	OB2
			CL9
OB2	0	CL5	
CL9	0.315526	CL5	OB4
			OB7
OB4	0	CL9	
OB7	0	CL9	

The TREE Procedure

Average Linkage Cluster Analysis

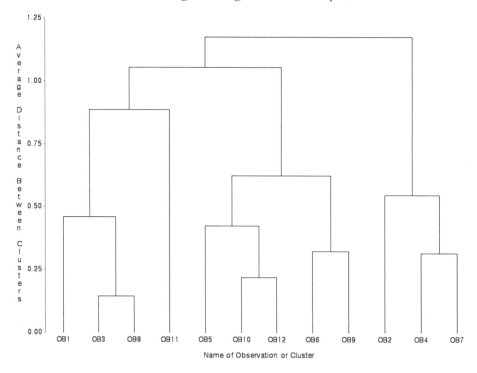

SAS 시스템

The FASTCLUS Procedure

Replace=FULL Radius=0 Maxclusters=3 Maxiter=10 Converge=0.02

Initial Seeds					
Cluster	POP	SCHOOL	EMPLOY	SERVICE	HOUSE
1	3800.00000	13.60000	1700.00000	140.00000	25000.00000
2	1000.00000	10.90000	600.00000	10.00000	10000.00000
3	9400.00000	11.40000	4000.00000	100.00000	13000.00000

Minimum Distance Between Initial Seeds =	9546.104

Iteration History				
Iteration	Criterion	Relative Change in Cluster Seeds		
		1	2	3
1	1400.9	0.2180	0.1969	0.1113
2	1184.6	0	0	0

Convergence criterion is satisfied.

Criterion Based on Final Seeds =	1184.6

Cluster Summary						
Cluster	Frequency	RMS Std Deviation	Maximum Distance from Seed to Observation	Radius Exceeded	Nearest Cluster	Distance Between Cluster Centroids
1	4	1272.8	4027.1		3	11764.6
2	3	1800.0	4392.4		3	8121.9
3	5	1172.4	4253.1		2	8121.9

Statistics for Variables				
Variable	Total STD	Within STD	R–Square	RSQ/(1–RSQ)
POP	3440	1730	0.793145	3.834300
SCHOOL	1.78654	1.32775	0.548090	1.212832
EMPLOY	1241	645.03804	0.779032	3.525547
SERVICE	114.92751	76.89820	0.633702	1.730020
HOUSE	6368	2437	0.880120	7.341646
OVER–ALL	3284	1368	0.858088	6.046632

Pseudo F Statistic =	27.21

Approximate Expected Over–All R–Squared =	.

Cubic Clustering Criterion =	.

WARNING: The two values above are invalid for correlated variables.

Cluster Means					
Cluster	POP	SCHOOL	EMPLOY	SERVICE	HOUSE
1	5775.00000	13.22500	2350.00000	235.00000	25000.00000
2	1866.66667	10.36667	666.66667	10.00000	11666.66667
3	9240.00000	10.66000	3320.00000	96.00000	13800.00000

Cluster Standard Deviations					
Cluster	POP	SCHOOL	EMPLOY	SERVICE	HOUSE
1	2688.710967	0.492443	925.562892	120.138809	0.000000
2	1331.665624	1.379613	305.505046	0.000000	3785.938897
3	650.384502	1.683152	496.990946	49.799598	2489.979920

SAS 시스템

The ANOVA Procedure

Class Level Information		
Class	Levels	Values
CLUSTER	3	1 2 3

Number of Observations Read	12
Number of Observations Used	12

SAS 시스템

The ANOVA Procedure

Dependent Variable: POP

Source	DF	Sum of Squares	Mean Square	F Value	Pr > F
Model	2	103243000.0	51621500.0	17.25	0.0008
Error	9	26926166.7	2991796.3		
Corrected Total	11	130169166.7			

R–Square	Coeff Var	Root MSE	POP Mean
0.793145	27.71184	1729.681	6241.667

Source	DF	Anova SS	Mean Square	F Value	Pr > F
CLUSTER	2	103243000.0	51621500.0	17.25	0.0008

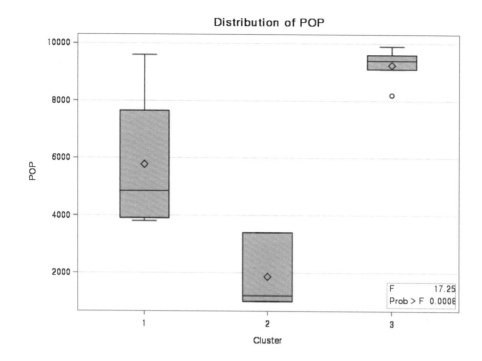

SAS 시스템

The ANOVA Procedure

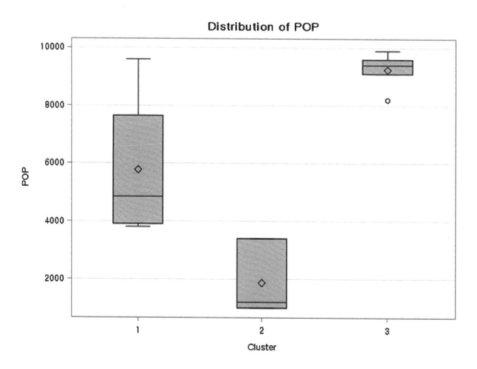

The ANOVA Procedure

Duncan's Multiple Range Test for POP

| Note | This test controls the Type I comparisonwise error rate, not the experimentwise error rate. |

Alpha	0.05
Error Degrees of Freedom	9
Error Mean Square	2991796
Harmonic Mean of Cell Sizes	3.829787

| Note | Cell sizes are not equal. |

Number of Means	2	3
Critical Range	2828	2951

Means with the same letter are not significantly different.

Duncan Grouping	Mean	N	CLUSTER
A	9240	5	3
B	5775	4	1
C	1867	3	2

SAS 시스템

The ANOVA Procedure

Class Level Information		
Class	Levels	Values
CLUSTER	3	1 2 3

Number of Observations Read	12
Number of Observations Used	12

SAS 시스템

The ANOVA Procedure

Dependent Variable: SCHOOL

Source	DF	Sum of Squares	Mean Square	F Value	Pr > F
Model	2	19.24300000	9.62150000	5.46	0.0280
Error	9	15.86616667	1.76290741		
Corrected Total	11	35.10916667			

R-Square	Coeff Var	Root MSE	SCHOOL Mean
0.548090	11.60447	1.327745	11.44167

Source	DF	Anova SS	Mean Square	F Value	Pr > F
CLUSTER	2	19.24300000	9.62150000	5.46	0.0280

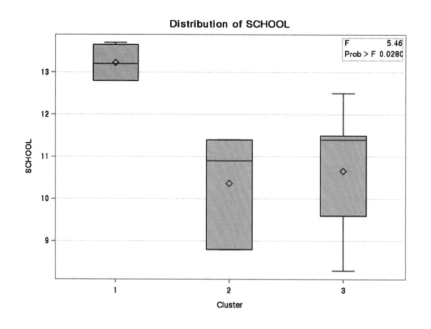

Distribution of SCHOOL

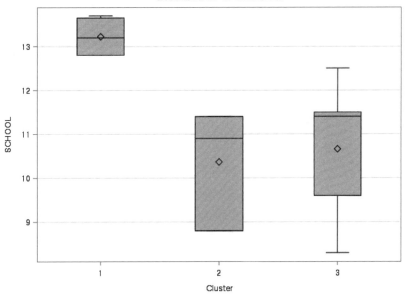

Distribution of SCHOOL

SAS 시스템

The ANOVA Procedure

Duncan's Multiple Range Test for SCHOOL

Note	This test controls the Type I comparisonwise error rate, not the experimentwise error rate.

Alpha	0.05
Error Degrees of Freedom	9
Error Mean Square	1.762907
Harmonic Mean of Cell Sizes	3.829787

Note	Cell sizes are not equal.

Number of Means	2	3
Critical Range	2.171	2.265

Means with the same letter are not significantly different.			
Duncan Grouping	Mean	N	CLUSTER
A	13.2250	4	1
B	10.6600	5	3
B			
B	10.3667	3	2

SAS 시스템

The ANOVA Procedure

Class Level Information		
Class	Levels	Values
CLUSTER	3	1 2 3

Number of Observations Read	12
Number of Observations Used	12

SAS 시스템

The ANOVA Procedure

Dependent Variable: EMPLOY

Source	DF	Sum of Squares	Mean Square	F Value	Pr > F
Model	2	13202000.00	6601000.00	15.86	0.0011
Error	9	3744666.67	416074.07		
Corrected Total	11	16946666.67			

R–Square	Coeff Var	Root MSE	EMPLOY Mean
0.779032	27.64449	645.0380	2333.333

Source	DF	Anova SS	Mean Square	F Value	Pr > F
CLUSTER	2	13202000.00	6601000.00	15.86	0.0011

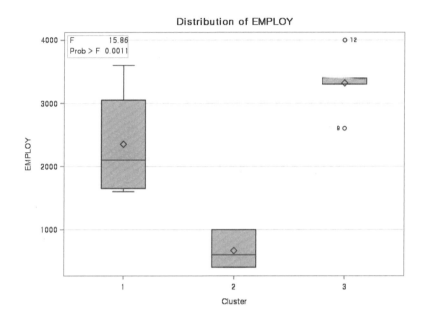

SAS 시스템

The ANOVA Procedure

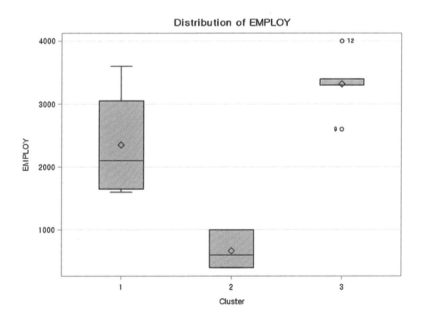

The ANOVA Procedure

Duncan's Multiple Range Test for EMPLOY

Note	This test controls the Type I comparisonwise error rate, not the experimentwise error rate.

Alpha	0.05
Error Degrees of Freedom	9
Error Mean Square	416074.1
Harmonic Mean of Cell Sizes	3.829787

Note	Cell sizes are not equal.

Number of Means	2	3
Critical Range	1054	1101

Means with the same letter are not significantly different.			
Duncan Grouping	Mean	N	CLUSTER
A	3320.0	5	3
A			
A	2350.0	4	1
B	666.7	3	2

SAS 시스템

The ANOVA Procedure

Class Level Information		
Class	Levels	Values
CLUSTER	3	1 2 3

Number of Observations Read	12
Number of Observations Used	12

SAS 시스템

The ANOVA Procedure

Dependent Variable: SERVICE

Source	DF	Sum of Squares	Mean Square	F Value	Pr > F
Model	2	92071.6667	46035.8333	7.79	0.0109
Error	9	53220.0000	5913.3333		
Corrected Total	11	145291.6667			

R-Square	Coeff Var	Root MSE	SERVICE Mean
0.633702	63.63989	76.89820	120.8333

Source	DF	Anova SS	Mean Square	F Value	Pr > F
CLUSTER	2	92071.66667	46035.83333	7.79	0.0109

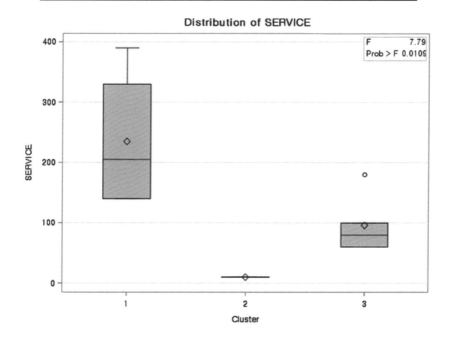

Distribution of SERVICE

SAS 시스템

The ANOVA Procedure

Distribution of SERVICE

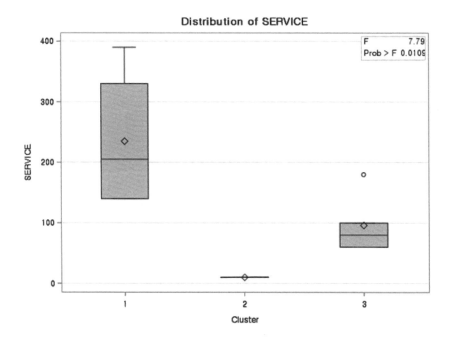

SAS 시스템

The ANOVA Procedure

Duncan's Multiple Range Test for SERVICE

Note	This test controls the Type I comparisonwise error rate, not the experimentwise error rate.

Alpha	0.05
Error Degrees of Freedom	9
Error Mean Square	5913.333
Harmonic Mean of Cell Sizes	3.829787

Note	Cell sizes are not equal.

Number of Means	2	3
Critical Range	125.7	131.2

Means with the same letter are not significantly different.			
Duncan Grouping	Mean	N	CLUSTER
A	235.00	4	1
B	96.00	5	3
B			
B	10.00	3	2

SAS 시스템

The ANOVA Procedure

Class Level Information		
Class	Levels	Values
CLUSTER	3	1 2 3

Number of Observations Read	12
Number of Observations Used	12

SAS 시스템

The ANOVA Procedure

Dependent Variable: HOUSE

Source	DF	Sum of Squares	Mean Square	F Value	Pr > F
Model	2	392533333.3	196266666.7	33.04	<.0001
Error	9	53466666.7	5940740.7		
Corrected Total	11	446000000.0			

R-Square	Coeff Var	Root MSE	HOUSE Mean
0.880120	14.33743	2437.363	17000.00

Source	DF	Anova SS	Mean Square	F Value	Pr > F
CLUSTER	2	392533333.3	196266666.7	33.04	<.0001

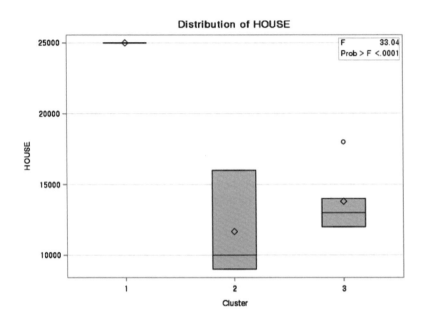

SAS 시스템

The ANOVA Procedure

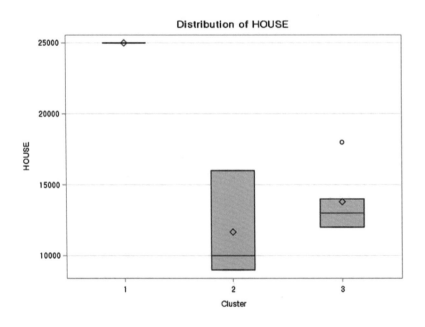

SAS 시스템

The ANOVA Procedure

Duncan's Multiple Range Test for HOUSE

| Note | This test controls the Type I comparisonwise error rate, not the experimentwise error rate. |

Alpha	0.05
Error Degrees of Freedom	9
Error Mean Square	5940741
Harmonic Mean of Cell Sizes	3.829787

| Note | Cell sizes are not equal. |

Number of Means	2	3
Critical Range	3984	4159

Means with the same letter are not significantly different.

Duncan Grouping	Mean	N	CLUSTER
A	25000	4	1
B	13800	5	3
B			
B	11667	3	2

○ 결과 해석

표준화하지 않은 cluster 분석에서 3개의 cluster로 나누었는데 이 3개의 cluster 사이에 어떠한 차이가 있는지를 분석한 결과이다. 이는 cluster로 나누었을 때, 어떤 변수의 차이 때문에 cluster가 나누어졌는지를 알 수 있다. 그러나 표준화를 하지 않았기 때문에 구분하기가 어렵다.

N	Cluster1	Cluster2	Cluster3	전체	Pr > F
	4	3	5	12	
POP	5775.00±2688.71^B	1866.67±1331.67^C	9240.00±1.68^A	6241.67±3439.99	0.0008
SCHOOL	13.23±0.49^A	10.37±1.38^B	10.66±496.99^B	11.44±1.79	0.0280
EMPLOY	2350.00±925.56^A	666.67±305.51^B	3320.00±49.80^A	2333.33±1241.21	0.0011
SERVICE	235.00±120.14^A	10.00±0^B	96.00±2489.98^B	120.83±114.93	0.0109
HOUSE	25000.00±0^A	11666.67±3785.94^B	13800.00±1505.17^B	17000.00±6367.53	<.0001

각 cluster 별로 분석한 후, Duncan 검정 결과, cluster 별 차이에 대한 유의성 검정에서 SCHOOL과 SERVICE는 5%에서, 그리고 다른 항목은 1% 수준의 고도의 유의성이 인정되었다.

이와 같이 cluster 분석은 통계처리의 한 과정이므로 분산분석을 이용한 사후검정(DUNCAN 등.)이 뒤따라야 한다.

2) 표준화한 후 군집분석을 한 경우

위 설명에서 표준화한 경우와 표준화하지 않은 경우의 자료가 표준화에 의하여 변경되었다(결과 11-2-②). 다음은 표준화한 경우의 군집분석 결과, cluster 사이에 어떠한 차이가 있는지를 검정한다.

SAS 프로그램 11-3-2

```
proc standard data=kim out=kim1 mean=10 std=10;
var POP SCHOOL EMPLOY SERVICE HOUSE;
run;


proc cluster data=kim1 out = kim2 s std method=average ccc rsq;
run;


proc tree data=kim2 list;
run;


proc fastclus data=kim1 out = kim2 maxclusters=3 maxiter=10;
```

```
run;

proc means data = kim2;
class cluster;
run;

proc anova data = kim2;
class cluster;
model pop = cluster;
means cluster/duncan;
run;

proc anova data = kim2;
class cluster;
model school = cluster;
means cluster/duncan;
run;

proc anova data = kim2;
class cluster;
model employ = cluster;
means cluster/duncan;
run;

proc anova data = kim2;
class cluster;
model service = cluster;
means cluster/duncan;
run;

proc anova data = kim2;
class cluster;
model house = cluster;
means cluster/duncan;
run;
```

SAS 시스템

The CLUSTER Procedure

Average Linkage Cluster Analysis

Variable	Mean	Standard Deviation	Skewness	Kurtosis	Bimodality
POP	10.0000	10.0000	−0.3591	−1.6235	0.4685
SCHOOL	10.0000	10.0000	−0.5372	−0.7312	0.3902
EMPLOY	10.0000	10.0000	−0.3279	−1.3813	0.4176
SERVICE	10.0000	10.0000	1.3245	1.6026	0.4887
HOUSE	10.0000	10.0000	0.3600	−1.6878	0.4816

Eigenvalues of the Correlation Matrix				
	Eigenvalue	Difference	Proportion	Cumulative
1	2.87331359	1.07665350	0.5747	0.5747
2	1.79666009	1.58182321	0.3593	0.9340
3	0.21483689	0.11490283	0.0430	0.9770
4	0.09993405	0.08467868	0.0200	0.9969
5	0.01525537		0.0031	1.0000

The data have been standardized to mean 0 and variance 1

Root−Mean−Square Total−Sample Standard Deviation	1

Root−Mean−Square Distance Between Observations	3.162278

Cluster History									
Number of Clusters	Clusters Joined		Freq	Semipartial R-Square	R-Square	Approximate Expected R-Square	Cubic Clustering Criterion	Norm RMS Distance	Tie
11	OB3	OB8	2	0.0019	.998	.	.	0.145	
10	OB10	OB12	2	0.0043	.994	.	.	0.2179	
9	OB4	OB7	2	0.0091	.985	.	.	0.3155	
8	OB6	OB9	2	0.0095	.975	.	.	0.323	
7	OB5	CL10	3	0.0203	.955	.	.	0.4239	
6	OB1	CL11	3	0.0251	.930	.	.	0.461	
5	OB2	CL9	3	0.0331	.897	.	.	0.5462	
4	CL7	CL8	5	0.0694	.827	.	.	0.6242	
3	CL6	OB11	4	0.1004	.727	.	.	0.8863	
2	CL3	CL4	9	0.3331	.394	.533	−1.4	1.0552	
1	CL2	CL5	12	0.3938	.000	.000	0.00	1.1767	

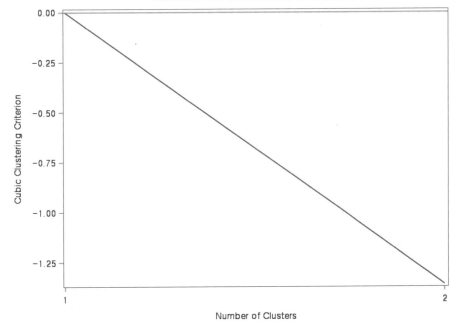

Criterion for the Number of Clusters

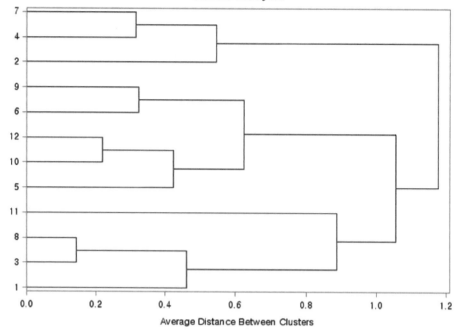

Cluster Analysis

Average Distance Between Clusters

SAS 시스템

The TREE Procedure

Average Linkage Cluster Analysis

CL1	1.176676		CL2
			CL5
CL2	1.055201	CL1	CL3
			CL4
CL3	0.886338	CL2	CL6
			OB11
CL6	0.460976	CL3	OB1
			CL11
OB1	0	CL6	
CL11	0.145048	CL6	OB3
			OB8
OB3	0	CL11	
OB8	0	CL11	
OB11	0	CL3	
CL4	0.624169	CL2	CL7
			CL8

CL7   CL4   OB5
                                         CL10

OB5   0.423896   CL7
CL10   CL7   OB10
                0   OB12

OB10   0.217852   CL10
OB12   CL10
CL8   0   CL4   OB6
                0   OB9

OB6   0.323027   CL8
OB9   CL8
CL5   0   CL1   OB2
                0   CL9

OB2   0.546174   CL5
CL9   CL5   OB4
                0   OB7

OB4   0.315526   CL9
OB7   CL9
                0
                0

The TREE Procedure

Average Linkage Cluster Analysis

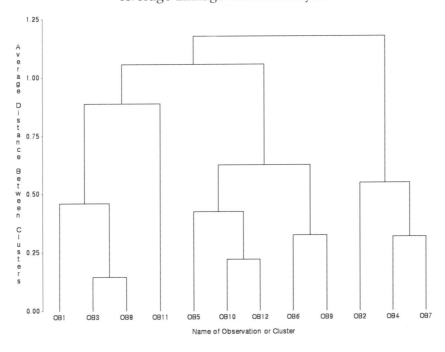

The FASTCLUS Procedure

Replace=FULL Radius=0 Maxclusters=3 Maxiter=10 Converge=0.02

Initial Seeds					
Cluster	POP	SCHOOL	EMPLOY	SERVICE	HOUSE
1	19.76261315	22.64078739	20.20508299	33.42055951	22.56373884
2	19.76261315	−0.30853879	17.78808965	6.44703586	2.14766323
3	−4.65603215	9.76677514	−5.57617930	0.35624020	8.42953265

Minimum Distance Between Initial Seeds =	36.33498

Iteration History				
Iteration	Criterion	Relative Change in Cluster Seeds		
		1	2	3
1	6.8727	0.2543	0.1872	0.2303
2	5.8904	0	0	0

Convergence criterion is satisfied.

Criterion Based on Final Seeds =	5.8904

Cluster Summary						
Cluster	Frequency	RMS Std Deviation	Maximum Distance from Seed to Observation	Radius Exceeded	Nearest Cluster	Distance Between Cluster Centroids
1	2	5.8436	9.2395		2	30.9872
2	5	5.3373	15.3327		3	27.4099
3	5	8.1894	20.2814		2	27.4099

Statistics for Variables

Variable	Total STD	Within STD	R-Square	RSQ/(1-RSQ)
POP	10.00000	4.09106	0.863063	6.302618
SCHOOL	10.00000	9.42127	0.273779	0.376992
EMPLOY	10.00000	4.60867	0.826220	4.754386
SERVICE	10.00000	5.60907	0.742587	2.884804
HOUSE	10.00000	8.55068	0.401794	0.671664
OVER-ALL	10.00000	6.80166	0.621488	1.641927

Pseudo F Statistic = | 7.39

Approximate Expected Over-All R-Squared = | .

Cubic Clustering Criterion = | .

WARNING: The two values above are invalid for correlated variables.

Cluster Means					
Cluster	POP	SCHOOL	EMPLOY	SERVICE	HOUSE
1	14.09399906	20.12195890	15.77392853	28.19987751	22.56373884
2	18.71609978	5.62470164	17.94922254	7.83921773	4.97450446
3	-0.35369940	10.32651480	-0.25879395	4.88083126	10.00000000

Cluster Standard Deviations					
Cluster	POP	SCHOOL	EMPLOY	SERVICE	HOUSE
1	8.01663092	3.56216140	6.26659873	7.38315928	0.00000000
2	1.89065577	9.42126824	4.00407935	4.33313111	3.91043218
3	4.24459131	10.38162418	4.68395322	6.19555147	12.21536928

MEANS 프로시저

Cluster	관측값 수	변수	레이블	N	평균	표준편차	최솟값	최댓값
1	2	POP		2	14.0939991	8.0166309	8.425385	19.7626131
		SCHOOL		2	20.1219589	3.5621614	17.6031304	22.6407874
		EMPLOY		2	15.7739285	6.2665987	11.3427741	20.205083
		SERVICE		2	28.1998775	7.3831593	22.9791955	33.4205595
		HOUSE		2	22.5637388	0	22.5637388	22.5637388
		DISTANCE	Distance to Cluster Seed	2	9.2394985	0	9.2394985	9.2394985
2	5	POP		5	18.7160998	1.8906558	15.6928389	20.6347076
		SCHOOL		5	5.6247016	9.4212682	−7.5851544	15.9239114
		EMPLOY		5	17.9492225	4.0040794	12.1484385	23.4277408
		SERVICE		5	7.8392177	4.3331311	4.7068085	15.1481725
		HOUSE		5	4.9745045	3.9104322	2.1476632	11.5704674
		DISTANCE	Distance to Cluster Seed	5	9.8412301	4.6230692	5.6753223	15.332727
3	5	POP		5	−0.3536994	4.2445913	−5.2374285	3.4835163
		SCHOOL		5	10.3265148	10.381624	−4.7864561	22.0810477
		EMPLOY		5	−0.2587940	4.6839532	−5.5761793	4.8974585
		SERVICE		5	4.8808313	6.1955515	0.3562402	11.6677179
		HOUSE		5	10.0000000	12.215369	−2.5637388	22.5637388
		DISTANCE	Distance to Cluster Seed	5	15.7920366	4.8578467	8.3687666	20.2814147

SAS 시스템

The ANOVA Procedure

Class Level Information		
Class	Levels	Values
CLUSTER	3	1 2 3

Number of Observations Read	12
Number of Observations Used	12

SAS 시스템

The ANOVA Procedure

<h3>Dependent Variable: POP</h3>

Source	DF	Sum of Squares	Mean Square	F Value	Pr > F
Model	2	949.369090	474.684545	28.36	0.0001
Error	9	150.630910	16.736768		
Corrected Total	11	1100.000000			

R–Square	Coeff Var	Root MSE	POP Mean
0.863063	40.91059	4.091059	10.00000

Source	DF	Anova SS	Mean Square	F Value	Pr > F
CLUSTER	2	949.3690902	474.6845451	28.36	0.0001

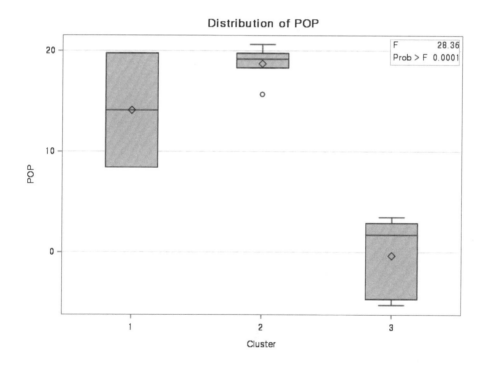

SAS 시스템

The ANOVA Procedure

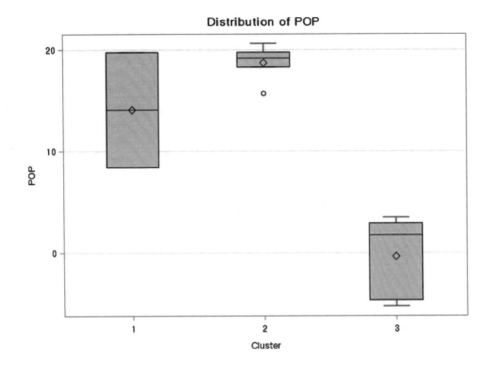

Distribution of POP

SAS 시스템

The ANOVA Procedure

Duncan's Multiple Range Test for POP

Note This test controls the Type I comparisonwise error rate, not the experimentwise error rate.

Alpha	0.05
Error Degrees of Freedom	9
Error Mean Square	16.73677
Harmonic Mean of Cell Sizes	3.333333

Note Cell sizes are not equal.

Number of Means	2	3
Critical Range	7.169	7.482

Means with the same letter are not significantly different.			
Duncan Grouping	Mean	N	CLUSTER
A	18.716	5	2
A			
A	14.094	2	1
B	−0.354	5	3

SAS 시스템

The ANOVA Procedure

Class Level Information		
Class	Levels	Values
CLUSTER	3	1 2 3

Number of Observations Read	12
Number of Observations Used	12

SAS 시스템

The ANOVA Procedure

Dependent Variable: SCHOOL

Source	DF	Sum of Squares	Mean Square	F Value	Pr > F
Model	2	301.157343	150.578671	1.70	0.2370
Error	9	798.842657	88.760295		
Corrected Total	11	1100.000000			

R-Square	Coeff Var	Root MSE	SCHOOL Mean
0.273779	94.21268	9.421268	10.00000

Source	DF	Anova SS	Mean Square	F Value	Pr > F
CLUSTER	2	301.1573426	150.5786713	1.70	0.2370

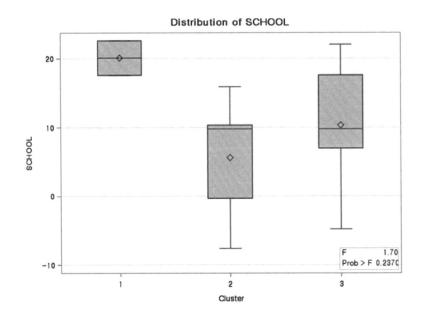

SAS 시스템

The ANOVA Procedure

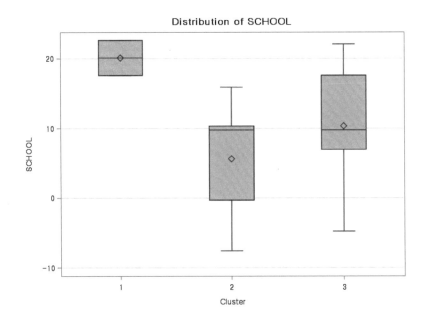

SAS 시스템

The ANOVA Procedure

Duncan's Multiple Range Test for SCHOOL

Note	This test controls the Type I comparisonwise error rate, not the experimentwise error rate.

Alpha	0.05
Error Degrees of Freedom	9
Error Mean Square	88.7603
Harmonic Mean of Cell Sizes	3.333333

Note	Cell sizes are not equal.

Number of Means	2	3
Critical Range	16.51	17.23

Means with the same letter are not significantly different.

Duncan Grouping	Mean	N	CLUSTER
A	20.122	2	1
A			
A	10.327	5	3
A			
A	5.625	5	2

SAS 시스템

The ANOVA Procedure

Class Level Information		
Class	Levels	Values
CLUSTER	3	1 2 3

Number of Observations Read	12
Number of Observations Used	12

SAS 시스템

The ANOVA Procedure

Dependent Variable: EMPLOY

Source	DF	Sum of Squares	Mean Square	F Value	Pr > F
Model	2	908.841463	454.420732	21.39	0.0004
Error	9	191.158537	21.239837		
Corrected Total	11	1100.000000			

R-Square	Coeff Var	Root MSE	EMPLOY Mean
0.826220	46.08670	4.608670	10.00000

Source	DF	Anova SS	Mean Square	F Value	Pr > F
CLUSTER	2	908.8414634	454.4207317	21.39	0.0004

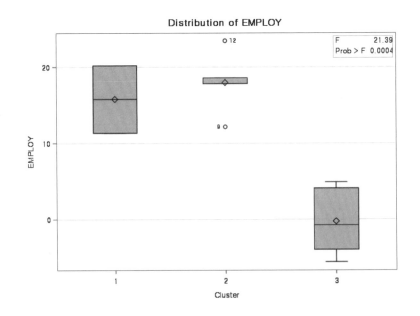

SAS 시스템

The ANOVA Procedure

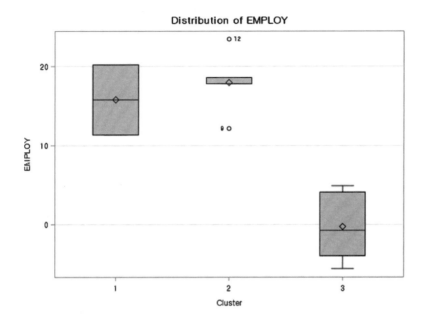

SAS 시스템

The ANOVA Procedure

Duncan's Multiple Range Test for EMPLOY

Note This test controls the Type I comparisonwise error rate, not the experimentwise error rate.

Alpha	0.05
Error Degrees of Freedom	9
Error Mean Square	21.23984
Harmonic Mean of Cell Sizes	3.333333

Note Cell sizes are not equal.

Number of Means	2	3
Critical Range	8.076	8.429

Means with the same letter are not significantly different.			
Duncan Grouping	Mean	N	CLUSTER
A	17.949	5	2
A			
A	15.774	2	1
B	−0.259	5	3

SAS 시스템

The ANOVA Procedure

Class Level Information		
Class	Levels	Values
CLUSTER	3	1 2 3

Number of Observations Read	12
Number of Observations Used	12

SAS 시스템

The ANOVA Procedure

Dependent Variable: SERVICE

Source	DF	Sum of Squares	Mean Square	F Value	Pr > F
Model	2	816.845426	408.422713	12.98	0.0022
Error	9	283.154574	31.461619		
Corrected Total	11	1100.000000			

R−Square	Coeff Var	Root MSE	SERVICE Mean
0.742587	56.09066	5.609066	10.00000

Source	DF	Anova SS	Mean Square	F Value	Pr > F
CLUSTER	2	816.8454259	408.4227129	12.98	0.0022

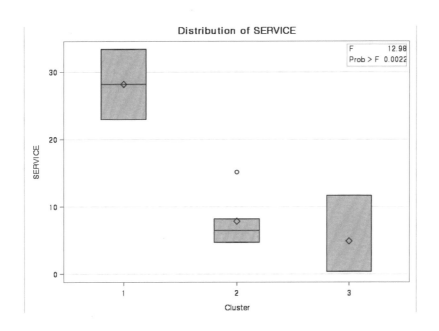

SAS 시스템

The ANOVA Procedure

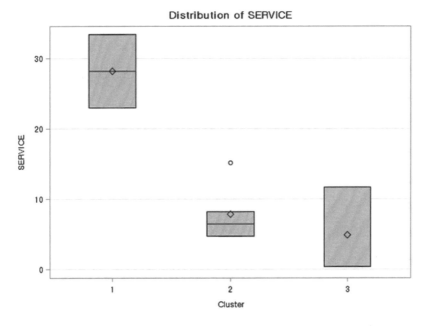

The ANOVA Procedure

Duncan's Multiple Range Test for SERVICE

Note	This test controls the Type I comparisonwise error rate, not the experimentwise error rate.

Alpha	0.05
Error Degrees of Freedom	9
Error Mean Square	31.46162
Harmonic Mean of Cell Sizes	3.333333

Note	Cell sizes are not equal.

Number of Means	2	3
Critical Range	9.83	10.26

Means with the same letter are not significantly different.			
Duncan Grouping	Mean	N	CLUSTER
A	28.200	2	1
B	7.839	5	2
B			
B	4.881	5	3

SAS 시스템

The ANOVA Procedure

Class Level Information		
Class	Levels	Values
CLUSTER	3	1 2 3

Number of Observations Read	12
Number of Observations Used	12

SAS 시스템

The ANOVA Procedure

Dependent Variable: HOUSE

Source	DF	Sum of Squares	Mean Square	F Value	Pr > F
Model	2	441.973094	220.986547	3.02	0.0990
Error	9	658.026906	73.114101		
Corrected Total	11	1100.000000			

R-Square	Coeff Var	Root MSE	HOUSE Mean
0.401794	85.50678	8.550678	10.00000

Source	DF	Anova SS	Mean Square	F Value	Pr > F
CLUSTER	2	441.9730942	220.9865471	3.02	0.0990

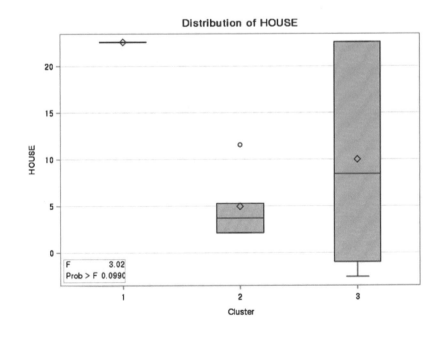

SAS 시스템

The ANOVA Procedure

Distribution of HOUSE

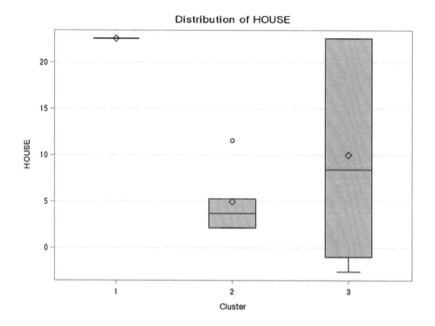

SAS 시스템

The ANOVA Procedure

Duncan's Multiple Range Test for HOUSE

Note	This test controls the Type I comparisonwise error rate, not the experimentwise error rate.

Alpha	0.05
Error Degrees of Freedom	9
Error Mean Square	73.1141
Harmonic Mean of Cell Sizes	3.333333

Note	Cell sizes are not equal.

Number of Means	2	3
Critical Range	14.98	15.64

Means with the same letter are not significantly different.			
Duncan Grouping	Mean	N	CLUSTER
A	22.564	2	1
A			
B A	10.000	5	3
B			
B	4.975	5	2

◯ 결과 해석

표준화한 자료에 의하여 cluster를 나누고 정해진 cluster를 기준으로 원자료의 cluster 간에 평균 간 차이 검정을 하였다. 그 결과는 다음과 같다.

표준화한 자료의 평균과 편차

	Cluster1	Cluster2	Cluster3	전체	Pr > F
N	2	5	5	12	
POP	14.09 ± 8.02^A	18.72 ± 1.89^A	-0.35 ± 4.24^B	10.00 ± 10.00	0.0001
SCHOOL	20.12 ± 3.56	5.62 ± 9.42	10.33 ± 10.38	10.00 ± 10.00	0.2370
EMPLOY	15.77 ± 6.27^A	17.95 ± 4.00^A	-0.26 ± 4.68^B	10.00 ± 10.00	0.0004
SERVICE	28.20 ± 7.38^A	7.84 ± 4.33^B	4.88 ± 6.20^B	10.00 ± 10.00	0.0022
HOUSE	22.56 ± 0	4.97 ± 3.91	10.00 ± 12.22	10.00 ± 10.00	0.0990

그러나 보고서를 작성할 때는 table에 나와 있는 평균과 편차가 변형된 것이므로, 이 결과(평균 간 차이 검정)에 평균과 편차는 원자료의 평균과 편차를 이용하여야 한다.

3) 최종 완성된 table

N	Cluster1 2	Cluster2 5	Cluster3 5	전체 12	Pr > F
POP	5775.00±2688.71^A	1866.67±1331.67^A	9240.00±1.68^B	6241.67±3439.99	0.0001
SCHOOL	13.23±0.49	10.37±1.38	10.66±496.99	11.44±1.79	0.2370
EMPLOY	2350.00±925.56^A	666.67±305.51^A	3320.00±49.80^B	2333.33±1241.21	0.0004
SERVICE	235.00±120.14^A	10.00±0^B	96.00±2489.98^B	120.83±114.93	0.0022
HOUSE	25000.00±0	11666.67±3785.94	13800.00±1505.17	17000.00±6367.53	0.0990

여기에서 Cluster1의 경우 N(반복)이 두 개 밖에 안되기 때문에 더 많은 자료의 조사가 요구된다. 결과적으로 POP, EMPLOY 그리고 SERVICE의 유의성이 인정되었다. POP와 EMPLOY는 같은 모양으로 유의성이 있었고, HOUSE만 다른 형태의 유의성이 인정되어 종합적으로 3개의 군집으로 나누어지는 것을 확인할 수 있다. SCHOOL과 HOUSE는 유의하지 않아 군집 결정에 영향을 미치지 못한 변수로 나타났다.

이와 같이 원자료의 표준화는 결과에 많은 영향을 준다. 표준화하지 않은 경우는 모든 변수가 군집 간에 유의성이 있었지만, 표준화한 경우는 3개의 변수만이 유의성이 있었다. 자료의 종류가 리커트 척도가 아닌 일반 연속형 자료이므로 표준화가 필요하여 표준화한 결과를 인정해야 한다. 보다 자세히 설명하면, SCHOOL과 HOUSE는 유의성이 없으므로 군집을 형성하는데 영향력이 없다. 그리고 첫 번째 군집의 특성은 POP, EMPLOY, SERVICE들의 평균이 가장 큰 형태의 군집이고, 두 번째 군집은 POP와 EMPLOY만 평균값이 크고 SERVICE는 작은 평균값을 가지는 군집이다. 그리고 세 번째 군집은 군집 형성에 영향을 주는 모든 변수의 평균이 작은 군집이다.

원자료를 검토하여 보면 각 변수의 평균과 편차가 매우 다른 것을 알 수 있다.

SAS 시스템

MEANS 프로시저

변수	평균	표준편차
POP	6241.67	3439.99
SCHOOL	11.441667	1.7865448
EMPLOY	2333.33	1241.21
SERVICE	120.83333	114.92751
HOUSE	17000.00	6367.53

POP, EMPLOY, HOUSE 등은 평균과 편차가 매우 크고, SCHOOL과 SERVICE는 상대적으로 작은 자료이다. 표에 나타난 바와 같이 POP, EMPLOY, HOUSE들은 평균과 편차가 크므로 자료의 변동도 크게 된다. 그러나 군집분석과 같은 표준화가 요구되는 분석에서는 분석에 오류를 범한다. 가장 이해하기 쉬운 군집분석의 예를 들면 군집을 하는 기준이 각 반복 간에 서로의 차이가 작은 반복들을 모아 군집을 하게 되는데, 평균과 편차가 비교적 큰 POP, EMPLOY, HOUSE들은 군집을 형성하는데 기준이 되어 비교적 평균과 편차가 작은 SCHOOL과 SERVICE는 군집을 형성하는데 특별한 역할를 못하게 되어 분석 결과에 오류를 범하게 된다. 이러한 오류를 줄이거나 없애기 위하여 표준화는 대단히 중요하다. 주성분 분석에서는 상관을 중점으로 분석하기 때문에 표준화가 요구되지 않지만, 군집 분석과 경로 분석과 같이 표준화가 요구되는 분석에서는 표준화가 필수적이다. 자료 특성상 리커트 척도로 조사된 경우는 평균과 편차가 한정되어 있으므로 표준화가 요구되지 않지만, 일반 연속형 자료로 조사된 자료에서는 표준화가 필수적이라 하겠다.

주성분 분석
Principal Component Analysis

군집분석은 반복에서 유사한 형태에 대하여 반복을 군집화를 한다면, 주성분 분석은 조사된 여러 항목들을 대표되는 주제로 단순하게 grouping 하여 다음 분석이 편리하도록 하는 방법이다. 우리가 연구대상으로 하는 모든 현상을 보면 매우 복잡하여 다수의 변수를 관찰대상으로 할 수 밖에 없는데, 분석의 대상이 되는 변수들은 대체로 몇 개의 큰 의미에서의 상호관련성을 가지게 된다. 그러므로 다수의 변수를 일괄해서 몇 개의 의미가 유사한 지표로 정리하여 처리하는 것이 현상을 간단하게 설명하기 쉬워진다. 이러한 문제를 해결하기 위하여 우리는 조사된 여러 항목들을 유사한 특성을 가지는 몇 개의 지표로 통합하여 설명할 수 있는 방법들이 요구되었다. 앞에서 설명한 군집분석은 반복들의 유사한 특성을 기준으로 군집을 하였다면, 주성분 분석은 조사항목의 관련성을 기준으로 조사항목을 군집화하고 단순화하여 몇 개의 지표로 모으는 방법이다. 즉, 주성분 분석은 n개의 변수에 대해 수집한 데이터를 서로 상관관계에 있는 p개의 지표로 요약하는 기법이다.

다시 말하면 다변량 변수 간의 상호관계로부터 공통변량을 구하고, 관측값의 중복성을 점검하여 몇 개의 변수집단, 즉 주성분을 찾아내는 것이라 할 수 있다. 주성분 분석에서 얻는 정보는 표본 상관행렬, 평균 및 표준편차, 고유 벡타, 고유값(고유값, 차이, 비율, 누적비율), 처음 자료와 주성분점수 등을 알 수 있고, 분석된 결과를 이용하여 회귀분석, 판별분석, 경로 분석 등에 이용한다.

예 닭의 Heat stress를 파악하기 위하여 다음과 같은 조사를 하였다.

처리

a = control

b = short time(7 day)

c = long time(14 day)

조사항목

p1, p2, p3, f1, g1, i1, i2, i4, i6, i10, t1 등의 cytokine을 조사하였다.

SAS 프로그램 12-1

```
PROC FACTOR DATA=hot OUT=outstat OUTSTAT=stat NFACT=4 SCREE
                METHOD=PRIN ROTATE=VARIMAX reorder;

PROC PRINT DATA=outstat;
PROC PRINT DATA=stat;
RUN;

PROC SCORE DATA=hot SCORE=stat OUT=outscor;
PROC PRINT DATA=stat;
PROC PRINT DATA=outscor;
RUN;
```

❍ 결과 12-1

SAS 시스템

The FACTOR Procedure

Input Data Type	Raw Data
Number of Records Read	8
Number of Records Used	8
N for Significance Tests	8

SAS 시스템

The FACTOR Procedure

Initial Factor Method: Principal Components

Prior Communality Estimates: ONE

Eigenvalues of the Correlation Matrix: Total = 11 Average = 1			
	Eigenvalue	Difference	Proportion	Cumulative
1	5.07610477	2.18143017	0.4615	0.4615
2	2.89467460	1.50979157	0.2632	0.7246
3	1.38488304	0.24104227	0.1259	0.8505
4	1.14384077	0.80283209	0.1040	0.9545
5	0.34100868	0.20035253	0.0310	0.9855
6	0.14065615	0.12182416	0.0128	0.9983
7	0.01883199	0.01883199	0.0017	1.0000
8	0.00000000	0.00000000	0.0000	1.0000
9	0.00000000	0.00000000	0.0000	1.0000
10	0.00000000	0.00000000	0.0000	1.0000
11	0.00000000		0.0000	1.0000

4 factors will be retained by the NFACTOR criterion.

Scree Plot of Eigenvalues

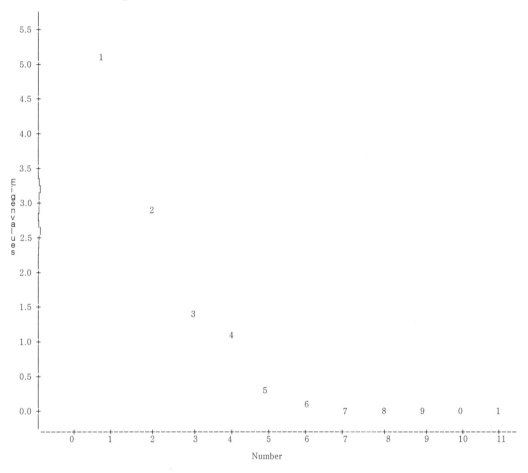

Factor Pattern			
	Factor1	Factor2	Factor3	Factor4
g1	0.94616	−0.01897	−0.07505	0.18415
i4	0.90184	0.15448	0.32123	−0.20962
t1	0.87383	0.34036	−0.24452	−0.07004
i1	0.81858	−0.53511	0.12259	0.02778
i2	0.73555	0.41052	0.49981	−0.12952

f1	−0.67650	0.61119	0.25359	−0.25939
p2	−0.78046	0.43022	−0.01095	0.35919
i10	−0.08835	0.82750	0.49638	−0.12528
i6	0.47720	0.73665	−0.43246	0.12699
p3	0.10355	0.54439	−0.67259	−0.42271
p1	0.28260	0.46619	0.03492	0.79795

Variance Explained by Each Factor			
Factor1	Factor2	Factor3	Factor4
5.0761048	2.8946746	1.3848830	1.1438408

Final Communality Estimates: Total = 10.499503										
p1	p2	f1	g1	p3	i1	i2	i4	i6	i10	t1
0.93514315	0.92334522	0.96280495	0.93513276	0.93814374	0.97221652	0.97613456	0.98431066	0.97351020	0.95464850	0.94411294

SAS 시스템

The FACTOR Procedure

Rotation Method: Varimax

Orthogonal Transformation Matrix				
	1	2	3	4
1	0.79642	−0.51615	0.24151	0.20241
2	0.20045	0.71662	0.53304	0.40266
3	0.50248	0.42163	−0.75481	−0.00132
4	−0.27026	−0.20559	−0.29632	0.89269

Rotated Factor Pattern				
	Factor1	Factor2	Factor3	Factor4
i4	0.96728	−0.17625	0.11980	0.05719
i2	0.95424	0.15190	0.05759	0.19790
g1	0.66226	−0.57146	0.22048	0.34837
t1	0.66023	−0.29582	0.59778	0.25172
p2	−0.63792	0.63268	−0.05733	0.33592
f1	−0.21874	0.94742	0.04785	−0.12271
i10	0.37879	0.87365	0.08221	0.20283
i1	0.59877	−0.76000	−0.18831	−0.02514
p3	−0.03213	0.13999	0.94812	−0.13630
i6	0.27609	0.07315	0.79671	0.50714
p1	0.12041	0.03889	0.05395	0.95719

Variance Explained by Each Factor			
Factor1	Factor2	Factor3	Factor4
3.7692433	3.1334306	2.0080054	1.5888239

Final Communality Estimates: Total = 10.499503										
p1	p2	f1	g1	p3	i1	i2	i4	i6	i10	t1
0.93514315	0.92334522	0.96280495	0.93513276	0.93814374	0.97221652	0.97613456	0.98431066	0.97351020	0.95464850	0.94411294

SAS 시스템

The FACTOR Procedure

Rotation Method: Varimax

Scoring Coefficients Estimated by Regression

Squared Multiple Correlations of the Variables with Each Factor			
Factor1	Factor2	Factor3	Factor4
1.0000000	1.0000000	1.0000000	1.0000000

Standardized Scoring Coefficients			
	Factor1	Factor2	Factor3	Factor4
---	---	---	---	---
I4	0	0	0	0
i2	−0.2679291	−0.6962029	1.26304499	0.52178886
g1	1.71818702	1.3201295	−1.1348673	−0.3955265
t1	0	0	0	0
p2	−2.0940078	−1.9136041	2.28904821	1.32564948
f1	1.28638426	1.88510546	−1.6049903	−0.7574508
i10	0	0	0	0
i1	−1.644723	−1.8285569	1.30407489	0.64071881
p3	−0.9104206	−0.8618285	1.75295287	0.27325374
i6	0	0	0	0
p1	0.1570297	0.40598379	−0.5733362	0.57419179

SAS 시스템

OBS	p1	p2	f1	g1	p3	i1	i2	i4	i6	i10	t1	Factor1	Factor2	Factor3	Factor4
1	0.70042	1.02658	0.62706	0.61677	1.68150	0.52309	0.66419	0.93335	1.18812	1.27043	0.98252	−0.54324	0.38864	1.20589	−1.05242
2	0.70631	1.42064	0.69685	0.72388	1.25176	0.45713	0.49095	0.57680	1.34479	0.84159	1.19910	−1.22096	0.27432	0.85167	−0.19877
3	1.01449	0.99569	0.71221	1.07834	1.02542	0.94237	2.29817	1.50748	1.31430	2.03785	1.50531	1.54260	1.44338	−0.14923	−0.32300
4	2.07617	1.34744	0.65083	1.52157	1.14507	0.81441	1.41852	1.05824	1.53382	2.00236	1.31675	0.12440	0.89365	0.10382	1.79850
5	1.70493	0.84364	0.36196	1.68266	1.20777	1.45339	1.21725	1.15453	1.56949	0.52389	1.65056	−0.16987	−1.21579	0.65529	1.01882
6	0.84412	0.52042	0.34768	2.75485	1.03430	2.72995	1.73922	1.62802	1.19993	0.64705	2.11779	1.43402	−1.52964	0.16810	−0.42959
7	0.62578	0.94702	0.57802	0.40632	0.86941	1.17194	0.72101	0.79433	0.35874	0.95415	0.36029	−0.42081	0.01664	−1.02430	−1.09977
8	1.06561	1.22921	0.53398	0.72477	0.37256	1.17185	0.61629	0.77990	0.45954	0.70868	0.34002	−0.74614	−0.27119	−1.81124	0.28624

OBS	_TYPE_	_NAME_	p1	p2	f1	g1	p3	i1	i2	i4	i6	i10	t1
1	MEAN		1,09223	1,04133	0,56358	1,18865	1,07347	1,15802	1,14570	1,05408	1,12109	1,12325	1,18404
2	STD		0,52534	0,29143	0,14134	0,77370	0,37060	0,71888	0,64156	0,36452	0,46110	0,59723	0,61437
3	N		8,00000	8,00000	8,00000	8,00000	8,00000	8,00000	8,00000	8,00000	8,00000	8,00000	8,00000
4	CORR	p1	1,00000	0,19712	-0,14992	0,36234	-0,01981	-0,00680	0,30898	0,18497	0,53483	0,31224	0,28311
5	CORR	p2	0,19712	1,00000	0,74545	-0,62585	-0,04738	-0,83721	-0,45314	-0,73227	0,02050	0,34716	-0,49858
6	CORR	f1	-0,14992	0,74545	1,00000	-0,68047	0,16540	-0,83639	-0,08785	-0,39739	-0,00013	0,70728	-0,38500
7	CORR	g1	0,36234	-0,62585	-0,68047	1,00000	0,04401	0,81903	0,60039	0,77053	0,48936	-0,14802	0,85529
8	CORR	p3	-0,01981	-0,04738	0,16540	0,04401	1,00000	-0,30012	-0,00076	0,05943	0,64980	0,20752	0,41409
9	CORR	i1	-0,00680	-0,83721	-0,83639	0,81903	-0,30012	1,00000	0,42226	0,67405	-0,06301	-0,44222	0,51267
10	CORR	i2	0,30898	-0,45314	-0,08785	0,60039	-0,00076	0,42226	1,00000	0,91484	0,43916	0,51199	0,68062
11	CORR	i4	0,18497	-0,73227	-0,39739	0,77053	0,05943	0,67405	0,91484	1,00000	0,37750	0,23563	0,76008
12	CORR	i6	0,53483	0,02050	-0,00013	0,48936	0,64980	-0,06301	0,43916	0,37750	1,00000	0,30258	0,79468
13	CORR	i10	0,31224	0,34716	0,70728	-0,14802	0,20752	-0,44222	0,51199	0,23563	0,30258	1,00000	0,05510
14	CORR	t1	0,28311	-0,49858	-0,38500	0,85529	0,41409	0,51267	0,68062	0,76008	0,79468	0,05510	1,00000
15	COMMUNAL		0,93514	0,92335	0,96280	0,93513	0,93814	0,97222	0,97613	0,98431	0,97351	0,95465	0,94411
16	PRIORS		1,00000	1,00000	1,00000	1,00000	1,00000	1,00000	1,00000	1,00000	1,00000	1,00000	1,00000
17	EIGENVAL		5,07610	2,89467	1,38488	1,14384	0,34101	0,14066	0,01883	0,00000	0,00000	0,00000	0,00000
18	UNROTATE	Factor1	0,28260	-0,78046	-0,67650	0,94616	0,10355	0,81858	0,73555	0,90184	0,47720	-0,08835	0,87383
19	UNROTATE	Factor2	0,46619	0,43022	0,61119	-0,01897	0,54439	-0,53511	0,41052	0,15448	0,73665	0,82750	0,34036
20	UNROTATE	Factor3	0,03492	-0,01095	0,25359	-0,07505	-0,67259	0,12259	0,49981	0,32123	-0,43246	0,49638	-0,24452
21	UNROTATE	Factor4	0,79795	0,35919	-0,25939	0,18415	-0,42271	0,02778	-0,12952	-0,20962	0,12699	-0,12528	-0,07004
22	TRANSFOR	Factor1	0,79642	0,20045	0,50248	-0,27026	.	.	.	.	.	.	.
23	TRANSFOR	Factor2	-0,51615	0,71662	0,42163	-0,20559	.	.	.	.	.	.	.
24	TRANSFOR	Factor3	0,24151	0,53304	-0,75481	-0,29632	.	.	.	.	.	.	.
25	TRANSFOR	Factor4	0,20241	0,40266	-0,00132	0,89269	.	.	.	.	.	.	.
26	PATTERN	Factor1	0,12041	-0,63792	-0,21874	0,66226	-0,03213	0,59877	0,95424	0,96728	0,27609	0,37879	0,66023
27	PATTERN	Factor2	0,03889	0,63268	0,94742	-0,57146	0,13999	-0,76000	0,15190	-0,17625	0,07315	0,87365	-0,29582
28	PATTERN	Factor3	0,05395	-0,05733	0,04785	0,22048	0,94812	-0,18831	0,05759	0,11980	0,79671	0,08221	0,59778
29	PATTERN	Factor4	0,95719	0,33592	-0,12271	0,34837	-0,13630	-0,02514	0,19790	0,05719	0,50714	0,20283	0,25172
30	SCORE	Factor1	0,15703	-2,09401	1,28638	1,71819	-0,91042	-1,64472	-0,26793	0,00000	0,00000	0,00000	0,00000
31	SCORE	Factor2	0,40598	-1,91360	1,88511	1,32013	-0,86183	-1,82856	-0,69620	0,00000	0,00000	0,00000	0,00000
32	SCORE	Factor3	-0,57334	2,28905	-1,60499	-1,13487	1,75295	1,30407	1,26304	0,00000	0,00000	0,00000	0,00000
33	SCORE	Factor4	0,57419	1,32565	-0,75745	-0,39553	0,27325	0,64072	0,52179	0,00000	0,00000	0,00000	0,00000

SAS 시스템

OBS	_TYPE_	_NAME_	p1	p2	f1	g1	p3	i1	i2	i4	i6	i10	t1
1	MEAN		1,09223	1,04133	0,56358	1,18865	1,07347	1,15802	1,14570	1,05408	1,12109	1,12325	1,18404
2	STD		0,52534	0,29143	0,14134	0,77370	0,37060	0,71888	0,64156	0,36452	0,46110	0,59723	0,61437
3	N		8,00000	8,00000	8,00000	8,00000	8,00000	8,00000	8,00000	8,00000	8,00000	8,00000	8,00000
4	CORR	p1	1,00000	0,19712	-0,14992	0,36234	-0,01981	-0,00680	0,30898	0,18497	0,53483	0,31224	0,28311
5	CORR	p2	0,19712	1,00000	0,74545	-0,62585	-0,04738	-0,83721	-0,45314	-0,73227	0,02050	0,34716	-0,49858
6	CORR	f1	-0,14992	0,74545	1,00000	-0,68047	0,16540	-0,83639	-0,08785	-0,39739	-0,00013	0,70728	-0,38500
7	CORR	g1	0,36234	-0,62585	-0,68047	1,00000	0,04401	0,81903	0,60039	0,77053	0,48936	-0,14802	0,85529
8	CORR	p3	-0,01981	-0,04738	0,16540	0,04401	1,00000	-0,30012	-0,00076	0,05943	0,64980	0,20752	0,41409
9	CORR	i1	-0,00680	-0,83721	-0,83639	0,81903	-0,30012	1,00000	0,42226	0,67405	-0,06301	-0,44222	0,51267
10	CORR	i2	0,30898	-0,45314	-0,08785	0,60039	-0,00076	0,42226	1,00000	0,91484	0,43916	0,51199	0,68062
11	CORR	i4	0,18497	-0,73227	-0,39739	0,77053	0,05943	0,67405	0,91484	1,00000	0,37750	0,23563	0,76008
12	CORR	i6	0,53483	0,02050	-0,00013	0,48936	0,64980	-0,06301	0,43916	0,37750	1,00000	0,30258	0,79468
13	CORR	i10	0,31224	0,34716	0,70728	-0,14802	0,20752	-0,44222	0,51199	0,23563	0,30258	1,00000	0,05510
14	CORR	t1	0,28311	-0,49858	-0,38500	0,85529	0,41409	0,51267	0,68062	0,76008	0,79468	0,05510	1,00000
15	COMMUNAL		0,93514	0,92335	0,96280	0,93513	0,93814	0,97222	0,97613	0,98431	0,97351	0,95465	0,94411
16	PRIORS		1,00000	1,00000	1,00000	1,00000	1,00000	1,00000	1,00000	1,00000	1,00000	1,00000	1,00000
17	EIGENVAL		5,07610	2,89467	1,38488	1,14384	0,34101	0,14066	0,01883	0,00000	0,00000	0,00000	0,00000
18	UNROTATE	Factor1	0,28260	-0,78046	-0,67650	0,94616	0,10355	0,81858	0,73555	0,90184	0,47720	-0,08835	0,87383
19	UNROTATE	Factor2	0,46619	0,43022	0,61119	-0,01897	0,54439	-0,53511	0,41052	0,15448	0,73665	0,82750	0,34036
20	UNROTATE	Factor3	0,03492	-0,01095	0,25359	-0,07505	-0,67259	0,12259	0,49981	0,32123	-0,43246	0,49638	-0,24452
21	UNROTATE	Factor4	0,79795	0,35919	-0,25939	0,18415	-0,42271	0,02778	-0,12952	-0,20962	0,12699	-0,12528	-0,07004
22	TRANSFOR	Factor1	0,79642	0,20045	0,50248	-0,27026	.	.	.	.	.	.	.
23	TRANSFOR	Factor2	-0,51615	0,71662	0,42163	-0,20559	.	.	.	.	.	.	.
24	TRANSFOR	Factor3	0,24151	0,53304	-0,75481	-0,29632	.	.	.	.	.	.	.
25	TRANSFOR	Factor4	0,20241	0,40266	-0,00132	0,89269	.	.	.	.	.	.	.
26	PATTERN	Factor1	0,12041	-0,63792	-0,21874	0,66226	-0,03213	0,59877	0,95424	0,96728	0,27609	0,37879	0,66023
27	PATTERN	Factor2	0,03889	0,63268	0,94742	-0,57146	0,13999	-0,76000	0,15190	-0,17625	0,07315	0,87365	-0,29582
28	PATTERN	Factor3	0,05395	-0,05733	0,04785	0,22048	0,94812	-0,18831	0,05759	0,11980	0,79671	0,08221	0,59778
29	PATTERN	Factor4	0,95719	0,33592	-0,12271	0,34837	-0,13630	-0,02514	0,19790	0,05719	0,50714	0,20283	0,25172
30	SCORE	Factor1	0,15703	-2,09401	1,28638	1,71819	-0,91042	-1,64472	-0,26793	0,00000	0,00000	0,00000	0,00000
31	SCORE	Factor2	0,40598	-1,91360	1,88511	1,32013	-0,86183	-1,82856	-0,69620	0,00000	0,00000	0,00000	0,00000
32	SCORE	Factor3	-0,57334	2,28905	-1,60499	-1,13487	1,75295	1,30407	1,26304	0,00000	0,00000	0,00000	0,00000
33	SCORE	Factor4	0,57419	1,32565	-0,75745	-0,39553	0,27325	0,64072	0,52179	0,00000	0,00000	0,00000	0,00000

OBS	p1	p2	f1	g1	p3	i1	i2	i4	i6	i10	t1	Factor1	Factor2	Factor3	Factor4
1	0.70042	1.02658	0.62706	0.61677	1.68150	0.52309	0.66419	0.93335	1.18812	1.27043	0.98252	−0.54324	0.38864	1.20589	−1.05242
2	0.70631	1.42064	0.69685	0.72388	1.25176	0.45713	0.49095	0.57680	1.34479	0.84159	1.19910	−1.22096	0.27432	0.85167	−0.19877
3	1.01449	0.99569	0.71221	1.07834	1.02542	0.94237	2.29817	1.50748	1.31430	2.03785	1.50531	1.54260	1.44338	−0.14923	−0.32300
4	2.07617	1.34744	0.65083	1.52157	1.14507	0.81441	1.41852	1.05824	1.53382	2.00236	1.31675	0.12440	0.89365	0.10382	1.79850
5	1.70493	0.81364	0.36196	1.68266	1.20777	1.45339	1.21725	1.15453	1.56949	0.52389	1.65056	−0.16987	−1.21579	0.65529	1.01882
6	0.84412	0.52042	0.34768	2.75485	1.03430	2.72995	1.73922	1.62802	1.19993	0.64705	2.11779	1.43402	−1.52964	0.16810	−0.42959
7	0.62578	0.94702	0.57802	0.40632	0.86941	1.17194	0.72101	0.79433	0.35874	0.95415	0.36029	−0.42081	0.01664	−1.02430	−1.09977
8	1.06561	1.22921	0.53398	0.72477	0.37256	1.17185	0.61629	0.77990	0.45954	0.70868	0.34002	−0.74614	−0.27119	−1.81124	0.28624

❍ 결과 해석

주성분 분석은 과정이 매우 복잡하다. 첫 번째 'Eigenvalues of the Correlation Matrix' table에서 Proportion과 Cumulative가 중요하다. Proportion은 각 조사항목의 설명 정도를 보여주며, Cumulative는 각 Proportion의 누적 합계를 보여준다. 일반적으로 Proportion이 0.1 이하가 되면 더 이상 나누지 않는다. 특별히 설명에 중요한 항목이 있다면 0.1 이하 일지라도 선택될 수 있지만, 이 항목의 중요성에 대한 별도의 설명이 있어야 한다. 프로그램에서 'NFACT=3' 으로 명령을 할 수도 있겠지만, 4번째 Proportion이 0.1040로 4개로 나누는 것이 일반적인 분석이다. 처음 NFACT는 이론적인 또는 분석자가 원하는 숫자를 정하여 입력하여 분석을 시작한다. 만약 프로그램에서 NFACT=3으로 하여 분석하였다 할지라도 Proportion을 확인한 후, NFACT=4로 수정하여 다시 실행하여 분석한다. 그 이유는 Proportion이 10% 미만이 되면 설명력이 유의하지 않으므로 더 이상 나누지 않는다. NFACT=3이라고 명령하여도 'Eigenvalues of the Correlation Matrix' table의 내용은 변하지 않는다. 그러나 다음 'Rotated Factor Pattern' table은 변하기 때문에 NFACT를 수정한 후 다시 실행하여 결과를 확인한다.

'Factor Pattern' table에서는 Factor Pattern을 확인하기 어렵기 때문에 Factor Pattern을 Rotate 시킨 RotatedFactor Pattern table을 이용하여 확인한다. 여기에서 Rotate를 하는 방법은 여러 가지가 있으며(BIQUARTIMAX, BIQUARTIMIN, COVARIMIN, EQUAMAX, FACTORPARSIMAX, OBBIQUARTIMAX, OBEQUAMAX, OBFACTORPARSIMAX, OBLIMIN, OBPARSIMAX, OBQUARTIMAX, OBVARIMAX,

ORTHOMAX, PARSIMAX, PROMAX, QUARTIMAX, QUARTIMIN, VARIMAX), 여기에서는 일반적으로 쓰이는 VARIMAX 방법을 사용하였다. 이러한 이유로 프로그램에 'ROTATE=VARIMAX'를 정의해야 한다. Procedure의 이름이 Factor로 되어 있는데 주성분 분석은 기원이 Factor 분석이기 때문이다. 프로그램에서 'METHOD=PRIN'으로 명령한 이유는 Principal Component Analysis (PCA) 분석을 한다는 뜻이다. 현재는 잘 사용하지 않지만, 특별하게 Factor 분석이 요구될 때는 'METHOD=PRINIT'로 바꾸어주면 된다. 그러나 현재는 Factor 분석은 잘 사용하지 않는다.

'Eigenvalues of the Correlation Matrix' table에서 Factor1 ~ Factor4로 설명되었지만 각 조사항목에서 Factor1, Factor2, Factor3, Factor4 중에서 가장 큰 값들을 선택하면(음수는 사용하지 않는다), 큰 값으로 선택된 항목들의 모임이 각 Factor의 모임이다. 여기까지가 주성분 분석의 결과이지만 주성분에 대한 신뢰도 검정을 해야 한다. 이 분석방법도 군집분석과 같이 grouping을 하는 방법일 뿐이며 뒤따르는 분석이 있어야만 보고서에 이용할 수 있다. 각 Factor에 모인 항목들에 대한 신뢰도를 분석하여 각 Factor의 항목들을 검토해야 한다. 신뢰도 검정이 별도로 필요한 이유는 각 항목에서 Factor 별로 가장 큰 값을 이용하는데 때로는 작은 값이 계산되는 경우도 있다(음수로 표현되는 값은 이용하지 않는다). 이 경우에는 다음 신뢰도 분석을 하여 항목을 제거하여야 한다.

1. Factor 항목의 신뢰도 분석

Factor 분석을 하여 Factor를 나누었지만, Factor들이 유의하게 나누어졌는지를 분석하여, 더 신뢰성이 있게 Factor 내의 항목들을 선택하여야 한다. 이를 위하여 신뢰도 분석을 하여야 하는데, 이때 Cronbach's alpha 값을 계산하여 이용한다.

SAS 프로그램 12-2

```
PROC FACTOR DATA=hot OUT=outstat OUTSTAT=stat NFACT=4   METHOD=PRIN
ROTATE=VARIMAX reorder;
proc corr data = outstat alpha;
var i4 i2 g1 t1 i1;  ◀──────  첫 번째 Factor로 정의된 변수들
run;
```

```
proc corr data = outstat alpha;
var p2 f1 i10;  ◄────────────  두 번째 Factor로 정의된 변수들
run;

proc corr data = outstat alpha;
var p3 i6;  ◄────────────  세 번째 Factor로 정의된 변수들
run;

proc corr data = outstat alpha;
var p1;
run;
```

◑ 결과 12-2

SAS 시스템

The FACTOR Procedure

Input Data Type	Raw Data
Number of Records Read	8
Number of Records Used	8
N for Significance Tests	8

SAS 시스템

The FACTOR Procedure

Initial Factor Method: Principal Components

Prior Communality Estimates: ONE

Eigenvalues of the Correlation Matrix: Total = 11 Average = 1				
	Eigenvalue	Difference	Proportion	Cumulative
1	5.07610477	2.18143017	0.4615	0.4615
2	2.89467460	1.50979157	0.2632	0.7246

3	1.38488304	0.24104227	0.1259	0.8505
4	1.14384077	0.80283209	0.1040	0.9545
5	0.34100868	0.20035253	0.0310	0.9855
6	0.14065615	0.12182416	0.0128	0.9983
7	0.01883199	0.01883199	0.0017	1.0000
8	0.00000000	0.00000000	0.0000	1.0000
9	0.00000000	0.00000000	0.0000	1.0000
10	0.00000000	0.00000000	0.0000	1.0000
11	0.00000000		0.0000	1.0000

4 factors will be retained by the NFACTOR criterion.

Factor Pattern				
	Factor1	Factor2	Factor3	Factor4
g1	0.94616	−0.01897	−0.07505	0.18415
i4	0.90184	0.15448	0.32123	−0.20962
t1	0.87383	0.34036	−0.24452	−0.07004
i1	0.81858	−0.53511	0.12259	0.02778
i2	0.73555	0.41052	0.49981	−0.12952
f1	−0.67650	0.61119	0.25359	−0.25939
p2	−0.78046	0.43022	−0.01095	0.35919
i10	−0.08835	0.82750	0.49638	−0.12528
i6	0.47720	0.73665	−0.43246	0.12699
p3	0.10355	0.54439	−0.67259	−0.42271
p1	0.28260	0.46619	0.03492	0.79795

Variance Explained by Each Factor			
Factor1	Factor2	Factor3	Factor4
5.0761048	2.8946746	1.3848830	1.1438408

Final Communality Estimates: Total = 10.499503										
p1	p2	f1	g1	p3	i1	i2	i4	i6	i10	t1
0.93514315	0.92334522	0.96280495	0.93513276	0.93814374	0.97221652	0.97613456	0.98431066	0.97351020	0.95464850	0.94411294

SAS 시스템

The FACTOR Procedure

Rotation Method: Varimax

Orthogonal Transformation Matrix				
	1	2	3	4
1	0.79642	−0.51615	0.24151	0.20241
2	0.20045	0.71662	0.53304	0.40266
3	0.50248	0.42163	−0.75481	−0.00132
4	−0.27026	−0.20559	−0.29632	0.89269

Rotated Factor Pattern				
	Factor1	Factor2	Factor3	Factor4
i4	0.96728	−0.17625	0.11980	0.05719
i2	0.95424	0.15190	0.05759	0.19790
g1	0.66226	−0.57146	0.22048	0.34837
t1	0.66023	−0.29582	0.59778	0.25172
p2	−0.63792	0.63268	−0.05733	0.33592
f1	−0.21874	0.94742	0.04785	−0.12271
i10	0.37879	0.87365	0.08221	0.20283
i1	0.59877	−0.76000	−0.18831	−0.02514
p3	−0.03213	0.13999	0.94812	−0.13630
i6	0.27609	0.07315	0.79671	0.50714
p1	0.12041	0.03889	0.05395	0.95719

Variance Explained by Each Factor			
Factor1	Factor2	Factor3	Factor4
3.7692433	3.1334306	2.0080054	1.5888239

Final Communality Estimates: Total = 10.499503										
p1	p2	f1	g1	p3	i1	i2	i4	i6	i10	t1
0.93514315	0.92334522	0.96280495	0.93513276	0.93814374	0.97221652	0.97613456	0.98431066	0.97351020	0.95464850	0.94411294

SAS 시스템

The FACTOR Procedure

Rotation Method: Varimax

Scoring Coefficients Estimated by Regression

Squared Multiple Correlations of the Variables with Each Factor			
Factor1	Factor2	Factor3	Factor4
1.0000000	1.0000000	1.0000000	1.0000000

Standardized Scoring Coefficients			
	Factor1	Factor2	Factor3	Factor4
---	---	---	---	---
i4	0	0	0	0
i2	−0.2679291	−0.6962029	1.26304499	0.52178886
g1	1.71818702	1.3201295	−1.1348673	−0.3955265
t1	0	0	0	0
p2	−2.0940078	−1.9136041	2.28904821	1.32564948
f1	1.28638426	1.88510546	−1.6049903	−0.7574508
i10	0	0	0	0
i1	−1.644723	−1.8285569	1.30407489	0.64071881
p3	−0.9104206	−0.8618285	1.75295287	0.27325374
i6	0	0	0	0
p1	0.1570297	0.40598379	−0.5733362	0.57419179

SAS 시스템
CORR 프로시저

5 개의 변수:	i4 i2 g1 t1 i1

단순 통계량

변수	N	평균	표준편차	합	최솟값	최댓값
i4	8	1.05408	0.36452	8.43263	0.57680	1.62802
i2	8	1.14570	0.64156	9.16558	0.49095	2.29817
g1	8	1.18865	0.77370	9.50916	0.40632	2.75485
t1	8	1.18404	0.61437	9.47235	0.34002	2.11779
i1	8	1.15802	0.71888	9.26414	0.45713	2.72995

크론바흐의 α계수

변수	α계수
원데이터	0.900791
표준화	0.921390

변수를 제외했을 때의 크론바흐의 α계수

제외한 변수	데이터 변수		표준화된 변수	
	합계에 대한 상관 계수	α계수	합계에 대한 상관 계수	α계수
i4	0.901752	0.880180	0.908871	0.880608
i2	0.684363	0.893747	0.732260	0.916122
g1	0.896998	0.846358	0.881695	0.886245
t1	0.798337	0.869576	0.797535	0.903302
i1	0.678102	0.899126	0.669213	0.928172

피어슨 상관 계수, N = 8					
HO: Rho=0 가정하에서 Prob > |r|					
	i4	i2	g1	t1	i1
i4	1.00000	0.91484 0.0014	0.77053 0.0252	0.76008 0.0286	0.67405 0.0668
i2	0.91484 0.0014	1.00000	0.60039 0.1155	0.68062 0.0632	0.42226 0.2973
g1	0.77053 0.0252	0.60039 0.1155	1.00000	0.85529 0.0068	0.81903 0.0129
t1	0.76008 0.0286	0.68062 0.0632	0.85529 0.0068	1.00000	0.51267 0.1939
i1	0.67405 0.0668	0.42226 0.2973	0.81903 0.0129	0.51267 0.1939	1.00000

SAS 시스템

CORR 프로시저

3 개의 변수:	p2 f1 i10

단순 통계량						
변수	N	평균	표준편차	합	최솟값	최댓값
p2	8	1.04133	0.29143	8.33063	0.52042	1.42064
f1	8	0.56358	0.14134	4.50860	0.34768	0.71221
i10	8	1.12325	0.59723	8.98598	0.52389	2.03785

크론바흐의 α계수	
변수	α계수
원데이터	0.592855
표준화	0.818161

변수를 제외했을 때의 크론바흐의 α계수				
제외한 변수	데이터 변수		표준화된 변수	
	합계에 대한 상관 계수	α계수	합계에 대한 상관 계수	α계수
p2	0.443973	0.481422	0.591288	0.828549
f1	0.852905	0.429706	0.885038	0.515398
i10	0.493210	0.738485	0.564359	0.854165

피어슨 상관 계수, N = 8			
H0: Rho=0 가정하에서 Prob >|r|			
	p2	f1	i10
p2	1.00000	0.74545 0.0338	0.34716 0.3995
f1	0.74545 0.0338	1.00000	0.70728 0.0497
i10	0.34716 0.3995	0.70728 0.0497	1.00000

SAS 시스템

CORR 프로시저

2 개의 변수:	P3 I6

단순 통계량						
변수	N	평균	표준편차	합	최솟값	최댓값
p3	8	1.07347	0.37060	8.58779	0.37256	1.68150
i6	8	1.12109	0.46110	8.96873	0.35874	1.56949

크론바흐의 α계수	
변수	α계수
원데이터	0.776454
표준화	0.787733

변수를 제외했을 때의 크론바흐의 α계수				
제외한 변수	데이터 변수		표준화된 변수	
	합계에 대한 상관 계수	α계수	합계에 대한 상관 계수	α계수
p3	0.649802	.	0.649802	.
i6	0.649802	.	0.649802	.

피어슨 상관 계수, N = 8		
H0: Rho=0 가정하에서 Prob > |r|		
	p3	i6
p3	1.00000	0.64980 0.0811
i6	0.64980 0.0811	1.00000

SAS 시스템

CORR 프로시저

1 개의 변수:	p1

단순 통계량						
변수	N	평균	표준편차	합	최솟값	최댓값
p1	8	1.09223	0.52534	8.73784	0.62578	2.07617

피어슨 상관 계수, N = 8	
H0: Rho=0 가정하에서 Prob > |r|	
	p1
p1	1.00000

❍ 결과 해석

Facter 전체에 대한 '크론바흐의 α계수' table에서 원데이터의 값과 표준화된 값이 나와 있다. 표준화는 군집분석의 표준화와 같이 조사항목들의 단위가 다를 때 사용하는 것으로, 일반적으로 경로 분석과 군집분석 방법 그리고 주성분 분석은 사회과학에서부터 출발한 방법으로 비표준화(원자료) 위주로 출력이 된다. 이는 자료에 대한 표준화가 필요하지 않은 리커트 척도를 위주로 만들어진 방법이기 때문에 자연과학의 연속형 자료를 분석할 때는 표준화 방법을 택해야 한다. 다음 각 Factor의 '변수를 제외했을 때의 크론바흐의 α계수'를 보면 어떤 변수를 제거했을 때의 크론바흐의 α계수를 계산하여 보여준다. 이 크론바흐의 α계수는 사회과학에서는 0.6 이상이면 좋은 계수이고 0.8 이상이면 아주 좋은 것이고, 자연과학에서는 0.8 이상이면 좋고, 0.9 이상이면 아주 좋은 것이므로 여기에서 변수를 선택하여 분석하는 것이 진행한 주성분 분석의 신뢰도를 높이는데 도움이 된다. 그러나 제거 대상이 되는 변수를 포함한 설명이 필요하면 특별한 설명이 요구된다. '크론바흐의 α계수' table에서 원데이터 α계수와 표준화 α계수의 차이는 cluster 분석에서의 표준화 개념과 같이 자료의 형태에 따라 구분된다. 표준화 α계수를 중심으로 설명하면, 첫 번째 Factor에서 i4 항목을 제거하면 현 α계수(0.921390)가 0.880608로 분석된다는 의미이다. 그리고 g1 항목이 제거된다면 α계수가 0.886245로 된다. 그러므로 i4 항목과 g1 항목은 제거하면, 신뢰도가 떨어진다. 이 Factor의 전체 신뢰도가 0.921390으로 두 항목의 삭제는 요구되지 않는다. 두 번째 Factor에서 전체의 표준화 α계수가 0.818161이고, i10을 제거했을 때의 α계수는 0.854165로 상승하게 된다. 그리고 p2를 제거했을 때, α계수는 0.828549로 상승하지만 가장 많이 상승하는 i10부터 제거하고 분석하여 결과를 검토한 뒤, 그 결과에 따라 다음 변수를 하나씩 제거하면서 최종 전체에 대한 α계수가 가장 높을 때의 변수들이 Factor에 모여야 한다. 여기에서 제거된 변수는 사용하지 않는다. 만약 사용을 원하면 사용에 따른 별도의 설명이 요구된다. 통계에서 유의성 및 신뢰도는 중요하다.

주성분 분석 또한 중간 분석과정이므로, 이후 연결되는 경로 분석과 같은 최종 분석이
필요하다.

주성분 분석에서 Factor Pattern을 그래프로 나타내는 경우, 다음과 같은 명령에 의하
여 가능하다.

SAS 프로그램 12-3

```
ods graphics on;

proc factor data=kim
    priors=smc msa residual
    rotate=promax reorder
    outstat=fact_all
    plots=(scree initloadings preloadings loadings);
run;

ods graphics off;
```

○ 결과 12-3

Initial Factor Pattern Matrix and Communalities

Factor Pattern		
	Factor1	Factor2
Services	0.87899	−0.15847
HouseValue	0.74215	−0.57806
Employment	0.71447	0.67936
School	0.71370	−0.55515
Population	0.62533	0.76621

Variance Explained by Each Factor	
Factor1	Factor2
2.7343008	1.7160687

Unrotated Factor Loading Plot

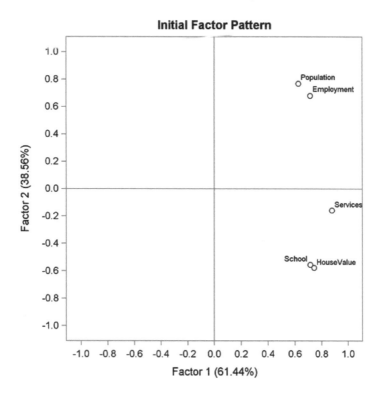

Initial Factor Pattern

The FACTOR Procedure

Prerotation Method: Varimax

Rotated Factor Pattern		
	Factor1	Factor2
House	0.94072	−0.00004
School	0.90419	0.00055
Services	0.79085	0.41509

Pop	0.02255	0.98874
Employ	0.14625	0.97499

Variance Explained by Each Factor	
Factor1	Factor2
2.3498567	2.1005128

The FACTOR Procedure

Prerotation Method: Varimax

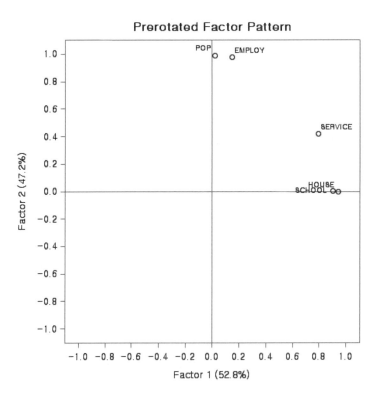

● 결과 해석

Factor Pattern에 대한 결과는 일반적으로 잘 이용하지 않으나 그래프의 내용은 'Factor Pattern' table의 값들을 이용하여 도식화한 것으로 Factor1과 Factor2를 기준 좌표로 이용하여 Plot을 한 것이다. 이것은 각 Factor에 모인 항목들을 나타낸다. 그러나 Factor를 2개로 나누었을 때는 그래프로 자연스럽게 표현이 되지만 3개 이상으로 나누었을 때는 점점 복잡하고 그래프로 표현할 수 없는 경우가 된다. 또한, 'Initial Factor Pattern' 그래프에서 각 축에 있는 Factor1(61.44%)과 Factor2(38.56%)의 값들은 'Variance Explained by Each Factor' table의 값을 합하여 백분율로 계산한 값이다. 'Varimax' 방법의 'Rotated Factor Pattern' table에서도 같은 방법으로 그래프를 만들면 된다. 물론 SAS의 코딩에 의해 출력할 수 있지만 임의로 작성하고자 할 때는 출력된 table의 값을 이용하여 작성하면 된다.

판별분석

Discriminant analysis

　판별분석은 조사된 자료의 구분할 수 있는 특성을 분석하여 이 특징에 대한 함수식을 만든 뒤, 이 함수식을 이용하여 분류 및 판단하는 분석방법이다. 로봇이 어떤 사물을 구분하여 판단할 수 있는 것은 이 방법의 원리를 이용한 것이다. 남자와 여자를 구분하는 예를 들면 우리가 일반적으로 남자와 여자를 구분할 때, 어느 특성을 이용하는지를 확인한 후 그 항목을 조사하여 함수식을 만들고 이 함수식에 새로운 개체의 특성을 입력하여 구분하여 판단하는 것이다. 물론 남자와 비슷한 여자도 있을 수 있다. 이러한 개체는 로봇 또한 구분해 내지 못하므로 조사항목을 선택할 때, 많은 연구가 필요하다.

예 인도에 Brahmin, Astisan, Korwa라고 불리는 세 계층이 있는데, 각 계층을 구분할 수 있는 신체적 특징을 조사하여 함수식을 만들고, 이 함수식을 이용하여 새로운 실험 대상에 대한 계층을 판단하는 방법으로 다음은 세 계층(k1)에 따른 키(x1), 앉은 키(x2), 코의 깊이(x3), 코의 높이(x4)에 대한 자료를 각 계층에 속하는 사람을 여섯 명씩 무작위로 추출하여 얻어서 이를 3개 유형의 표본을 분류하여 각 계층별 판별함수를 분석하고, 어떤 미지의 자료를 가지고 그 자료가 어느 유형에 속하는가를 판별하여 보면 다음과 같다.

SAS 프로그램 13

```
data kim;
input k1 x1 x2 x3 x4;
cards;
```

```
1 167 87 27.1 46.2
1 150 86 24.6 50.5
1 178 88 24.6 52.7
1 162 87 26.5 53.3
1 164 86 27.0 53.4
1 166 83 28.3 53.1
2 163 82 25.8 52.6
2 161 81 26.7 43.9
2 173 84 22.9 47.2
2 159 82 22.0 47.8
2 153 81 22.6 45.1
2 167 77 24.3 50.1
3 161 81 23.2 42.0
3 165 78 23.3 45.6
3 159 82 20.3 48.3
3 158 81 20.2 48.6
3 160 83 22.9 48.7
3 149 82 18.1 45.9
run;

proc discrim simple wcov wcorr pcov pcorr anova
manova listerr
pool=test outstat=irisstat mah;
class k1;
run;

proc print data=irisstat;
title2 'OUTPUT DISCRIMINANT STATISTICS';
run;
```

○ 결과 13

SAS 시스템

The DISCRIM Procedure

Total Sample Size	18	DF Total	17
Variables	4	DF Within Classes	15
Classes	3	DF Between Classes	2

Number of Observations Read	18
Number of Observations Used	18

Class Level Information					
k1	Variable Name	Frequency	Weight	Proportion	Prior Probability
1	_1	6	6.0000	0.333333	0.333333
2	_2	6	6.0000	0.333333	0.333333
3	_3	6	6.0000	0.333333	0.333333

SAS 시스템

The DISCRIM Procedure

Within-Class Covariance Matrices

k1 = 1, DF = 5				
Variable	x1	x2	x3	x4
x1	81.50000000	4.50000000	1.17000000	2.88000000
x2	4.50000000	2.96666667	−1.69000000	−1.18666667
x3	1.17000000	−1.69000000	2.18700000	0.06000000
x4	2.88000000	−1.18666667	0.06000000	7.98666667

k1 = 2, DF = 5				
Variable	x1	x2	x3	x4
x1	47.06666667	2.06666667	1.38000000	7.59333333
x2	2.06666667	5.36666667	−0.95000000	−1.23666667
x3	1.38000000	−0.95000000	3.55500000	0.64900000
x4	7.59333333	−1.23666667	0.64900000	10.23766667

k1 = 3, DF = 5				
Variable	x1	x2	x3	x4
x1	28.26666667	−5.13333333	10.11333333	−1.65333333
x2	−5.13333333	2.96666667	−1.40666667	1.65666667
x3	10.11333333	−1.40666667	4.52266667	−1.80466667
x4	−1.65333333	1.65666667	−1.80466667	6.78166667

SAS 시스템

The DISCRIM Procedure

Pooled Within−Class Covariance Matrix, DF = 15				
Variable	x1	x2	x3	x4
x1	52.27777778	0.47777778	4.22111111	2.94000000
x2	0.47777778	3.76666667	−1.34888889	−0.25555556
x3	4.22111111	−1.34888889	3.42155556	−0.36522222
x4	2.94000000	−0.25555556	−0.36522222	8.33533333

SAS 시스템

The DISCRIM Procedure

Within−Class Correlation Coefficients / Pr > |r|

k1 = 1				
Variable	x1	x2	x3	x4
x1	1.00000	0.2894 0.5780	0.0876 0.8689	0.1129 0.8314
x2	0.2894 0.5780	1.00000	−0.6635 0.1508	−0.2438 0.6416
x3	0.0876 0.8689	−0.6635 0.1508	1.00000	0.0144 0.9785
x4	0.1129 0.8314	−0.2438 0.6416	0.0144 0.9785	1.00000

k1 = 2				
Variable	x1	x2	x3	x4
x1	1.0000	0.1300 0.8060	0.1067 0.8406	0.3459 0.5018
x2	0.1300 0.8060	1.0000	−0.2175 0.6789	−0.1668 0.7521
x3	0.1067 0.8406	−0.2175 0.6789	1.0000	0.1076 0.8393
x4	0.3459 0.5018	−0.1668 0.7521	0.1076 0.8393	1.0000

k1 = 3				
Variable	x1	x2	x3	x4
x1	1.0000	−0.5606 0.2472	0.8945 0.0161	−0.1194 0.8217
x2	−0.5606 0.2472	1.0000	−0.3840 0.4523	0.3693 0.4712
x3	0.8945 0.0161	−0.3840 0.4523	1.0000	−0.3259 0.5285
x4	−0.1194 0.8217	0.3693 0.4712	−0.3259 0.5285	1.0000

SAS 시스템

The DISCRIM Procedure

Pooled Within—Class Correlation Coefficients/ Pr > |r|				
Variable	x1	x2	x3	x4
x1	1.0000	0.034 0.9004	0.3156 0.2337	0.1408 0.6029
x2	0.0340 0.9004	1.0000	-0.3757 0.1515	-0.0456 0.8668
x3	0.3156 0.2337	-0.3757 0.1515	1.0000	-0.0684 0.8013
x4	0.1408 0.6029	-0.0456 0.8668	-0.0684 0.8013	1.0000

SAS 시스템

The DISCRIM Procedure

Simple Statistics

Total—Sample					
Variable	N	Sum	Mean	Variance	Standard Deviation
x1	18	2915	161.94444	52.40850	7.2394
x2	18	1491	82.83333	9.20588	3.0341
x3	18	430.40000	23.91111	7.47046	2.7332
x4	18	875.00000	48.61111	12.15869	3.4869

$k1 = 1$					
Variable	N	Sum	Mean	Variance	Standard Deviation
x1	6	987.00000	164.50000	81.50000	9.0277
x2	6	517.00000	86.16667	2.96667	1.7224
x3	6	158.10000	26.35000	2.18700	1.4789
x4	6	309.20000	51.53333	7.98667	2.8261

k1 = 2					
Variable	N	Sum	Mean	Variance	Standard Deviation
x1	6	976.00000	162.66667	47.06667	6.8605
x2	6	487.00000	81.16667	5.36667	2.3166
x3	6	144.30000	24.05000	3.55500	1.8855
x4	6	286.70000	47.78333	10.23767	3.1996

k1 = 3					
Variable	N	Sum	Mean	Variance	Standard Deviation
x1	6	952.00000	158.66667	28.26667	5.3166
x2	6	487.00000	81.16667	2.96667	1.7224
x3	6	128.00000	21.33333	4.52267	2.1267
x4	6	279.10000	46.51667	6.78167	2.6042

Within Covariance Matrix Information		
k1	Covariance Matrix Rank	Natural Log of the Determinant of the Covariance Matrix
1	4	7.31273
2	4	8.85981
3	4	4.94909
Pooled	4	8.29886

SAS 시스템

The DISCRIM Procedure

Test of Homogeneity of Within Covariance Matrices

Chi-Square	DF	Pr > ChiSq
11.660415	20	0.9273

Since the Chi-Square value is not significant at the 0.1 level, a pooled covariance matrix will be used in the discriminant function.

Reference: Morrison, D.F. (1976) Multivariate Statistical Methods p252.

SAS 시스템

The DISCRIM Procedure

Squared Distance to k1			
From k1	1	2	3
1	0	16.15439	28.78315
2	16.15439	0	2.87233
3	28.78315	2.87233	0

F Statistics, NDF=4, DDF=12 for Squared Distance to k1			
From k1	1	2	3
1	0	9.69263	17.26989
2	9.69263	0	1.72340
3	17.26989	1.72340	0

Prob > Mahalanobis Distance for Squared Distance to k1			
From k1	1	2	3
1	1.0000	0.0010	<.0001
2	0.0010	1.0000	0.2094
3	<.0001	0.2094	1.0000

Generalized Squared Distance to k1			
From k1	1	2	3
1	0	16.15439	28.78315
2	16.15439	0	2.87233
3	28.78315	2.87233	0

SAS 시스템

The DISCRIM Procedure

Univariate Test Statistics							
F Statistics, Num DF=2, Den DF=15							
Variable	Total Standard Deviation	Pooled Standard Deviation	Between Standard Deviation	R-Square	R-Square / (1-RSq)	F Value	Pr > F
x1	7.2394	7.2303	2.9830	0.1198	0.1362	1.02	0.3839
x2	3.0341	1.9408	2.8868	0.6390	1.7699	13.27	0.0005
x3	2.7332	1.8497	2.5112	0.5959	1.4745	11.06	0.0011
x4	3.4869	2.8871	2.6088	0.3951	0.6532	4.90	0.0230

Average R-Square	
Unweighted	0.4374512
Weighted by Variance	0.2636373

Multivariate Statistics and F Approximations					
S=2 M=0.5 N=5					
Statistic	Value	F Value	Num DF	Den DF	Pr > F
Wilks' Lambda	0.11654766	5.79	8	24	0.0004
Pillai's Trace	1.02395431	3.41	8	26	0.0082
Hotelling-Lawley Trace	6.37464875	9.19	8	15	0.0001

| Roy's Greatest Root | 6.17956507 | 20.08 | 4 | 13 | <.0001 |

NOTE: F Statistic for Roy's Greatest Root is an upper bound.
NOTE: F Statistic for Wilks' Lambda is exact.

Linear Discriminant Function for k1			
Variable	1	2	3
Constant	−1826	−1608	−1549
x1	0.87868	1.03787	1.05624
x2	30.21051	28.19969	27.83014
x3	19.34332	17.61331	16.62823
x4	7.64638	7.00288	6.78995

SAS 시스템

The DISCRIM Procedure

Classification Results for Calibration Data: WORK.KIM

Resubstitution Results using Linear Discriminant Function

Posterior Probability of Membership in k1					
Obs	From k1	Classified into k1	1	2	3
10	2	3	*	0.0000	0.4491	0.5509
11	2	3	*	0.0000	0.3899	0.6100
17	3	2	*	0.0036	0.7702	0.2262

* Misclassified observation

SAS 시스템

The DISCRIM Procedure

Classification Summary for Calibration Data: WORK.KIM

Resubstitution Summary using Linear Discriminant Function

Number of Observations and Percent Classified into k1				
From k1	1	2	3	Total
1	6 100.00	0 0.00	0 0.00	6 100.00
2	0 0.00	4 66.67	2 33.33	6 100.00
3	0 0.00	1 16.67	5 83.33	6 100
Total	6 33.33	5 27.78	7 38.89	18 100.00
Priors	0.33333	0.33333	0.33333	

Error Count Estimates for k1				
	1	2	3	Total
Rate	0.0000	0.3333	0.1667	0.1667
Priors	0.3333	0.3333	0.3333	

SAS 시스템

OUTPUT DISCRIMINANT STATISTICS

OBS	k1	_TYPE_	_NAME_	x1	x2	x3	x4
1	.	N		18.00	18.00	18.00	18.00
2	1	N		6.00	6.00	6.00	6.00
3	2	N		6.00	6.00	6.00	6.00
4	3	N		6.00	6.00	6.00	6.00
5	.	MEAN		161.94	82.83	23.91	48.61
6	1	MEAN		164.50	86.17	26.35	51.53
7	2	MEAN		162.67	81.17	24.05	47.78
8	3	MEAN		158.67	81.17	21.33	46.52

9	1	PRIOR		0.33	0.33	0.33	0.33
10	2	PRIOR		0.33	0.33	0.33	0.33
11	3	PRIOR		0.33	0.33	0.33	0.33
12	1	CSSCP	x1	407.50	22.50	5.85	14.40
13	1	CSSCP	x2	22.50	14.83	−8.45	−5.93
14	1	CSSCP	x3	5.85	−8.45	10.93	0.30
15	1	CSSCP	x4	14.40	−5.93	0.30	39.93
16	2	CSSCP	x1	235.33	10.33	6.90	37.97
17	2	CSSCP	x2	10.33	26.83	−4.75	−6.18
18	2	CSSCP	x3	6.90	−4.75	17.77	3.25
19	2	CSSCP	x4	37.97	−6.18	3.25	51.19
20	3	CSSCP	x1	141.33	−25.67	50.57	−8.27
21	3	CSSCP	x2	−25.67	14.83	−7.03	8.28
22	3	CSSCP	x3	50.57	−7.03	22.61	−9.02
23	3	CSSCP	x4	−8.27	8.28	−9.02	33.91
24	.	PSSCP	x1	784.17	7.17	63.32	44.10
25	.	PSSCP	x2	7.17	56.50	−20.23	−3.83
26	.	PSSCP	x3	63.32	−20.23	51.32	−5.48
27	.	PSSCP	x4	44.10	−3.83	−5.48	125.03
28	.	BSSCP	x1	106.78	76.67	88.69	82.41
29	.	BSSCP	x2	76.67	100.00	73.17	87.67
30	.	BSSCP	x3	88.69	73.17	75.67	74.47
31	.	BSSCP	x4	82.41	87.67	74.47	81.67
32	.	CSSCP	x1	890.94	83.83	152.01	126.51
33	.	CSSCP	x2	83.83	156.50	52.93	83.83
34	.	CSSCP	x3	152.01	52.93	127.00	68.99
35	.	CSSCP	x4	126.51	83.83	68.99	206.70

36	.	RSQUARED		0.12	0.64	0.60	0.40
37	1	COV	x1	81.50	4.50	1.17	2.88
38	1	COV	x2	4.50	2.97	−1.69	−1.19
39	1	COV	x3	1.17	−1.69	2.19	0.06
40	1	COV	x4	2.88	−1.19	0.06	7.99
41	2	COV	x1	47.07	2.07	1.38	7.59
42	2	COV	x2	2.07	5.37	−0.95	−1.24
43	2	COV	x3	1.38	−0.95	3.55	0.65
44	2	COV	x4	7.59	−1.24	0.65	10.24
45	3	COV	x1	28.27	−5.13	10.11	−1.65
46	3	COV	x2	−5.13	2.97	−1.41	1.66
47	3	COV	x3	10.11	−1.41	4.52	−1.80
48	3	COV	x4	−1.65	1.66	−1.80	6.78
49	.	PCOV	x1	52.28	0.48	4.22	2.94
50	.	PCOV	x2	0.48	3.77	−1.35	−0.26
51	.	PCOV	x3	4.22	−1.35	3.42	−0.37
52	.	PCOV	x4	2.94	−0.26	−0.37	8.34
53	.	BCOV	x1	8.90	6.39	7.39	6.87
54	.	BCOV	x2	6.39	8.33	6.10	7.31
55	.	BCOV	x3	7.39	6.10	6.31	6.21
56	.	BCOV	x4	6.87	7.31	6.21	6.81
57	.	COV	x1	52.41	4.93	8.94	7.44
58	.	COV	x2	4.93	9.21	3.11	4.93
59	.	COV	x3	8.94	3.11	7.47	4.06
60	.	COV	x4	7.44	4.93	4.06	12.16
61	1	STD		9.03	1.72	1.48	2.83
62	2	STD		6.86	2.32	1.89	3.20

63	3	STD		5.32	1.72	2.13	2.60
64	.	PSTD		7.23	1.94	1.85	2.89
65	.	BSTD		2.98	2.89	2.51	2.61
66	.	STD		7.24	3.03	2.73	3.49
67	1	CORR	x1	1.00	0.29	0.09	0.11
68	1	CORR	x2	0.29	1.00	−0.66	−0.24
69	1	CORR	x3	0.09	−0.66	1.00	0.01
70	1	CORR	x4	0.11	−0.24	0.01	1.00
71	2	CORR	x1	1.00	0.13	0.11	0.35
72	2	CORR	x2	0.13	1.00	−0.22	−0.17
73	2	CORR	x3	0.11	−0.22	1.00	0.11
74	2	CORR	x4	0.35	−0.17	0.11	1.00
75	3	CORR	x1	1.00	−0.56	0.89	−0.12
76	3	CORR	x2	−0.56	1.00	−0.38	0.37
77	3	CORR	x3	0.89	−0.38	1.00	−0.33
78	3	CORR	x4	−0.12	0.37	−0.33	1.00
79	.	PCORR	x1	1.00	0.03	0.32	0.14
80	.	PCORR	x2	0.03	1.00	−0.38	−0.05
81	.	PCORR	x3	0.32	−0.38	1.00	−0.07
82	.	PCORR	x4	0.14	−0.05	−0.07	1.00
83	.	BCORR	x1	1.00	0.74	0.99	0.88
84	.	BCORR	x2	0.74	1.00	0.84	0.97
85	.	BCORR	x3	0.99	0.84	1.00	0.95
86	.	BCORR	x4	0.88	0.97	0.95	1.00
87	.	CORR	x1	1.00	0.22	0.45	0.29
88	.	CORR	x2	0.22	1.00	0.38	0.47
89	.	CORR	x3	0.45	0.38	1.00	0.43

90	.	CORR	x4	0.29	0.47	0.43	1.00
91	1	STDMEAN		0.35	1.10	0.89	0.84
92	2	STDMEAN		0.10	−0.55	0.05	−0.24
93	3	STDMEAN		−0.45	−0.55	−0.94	−0.60
94	1	PSTDMEAN		0.35	1.72	1.32	1.01
95	2	PSTDMEAN		0.10	−0.86	0.08	−0.29
96	3	PSTDMEAN		−0.45	−0.86	−1.39	−0.73
97	.	LNDETERM		8.30	8.30	8.30	8.30
98	1	LNDETERM		7.31	7.31	7.31	7.31
99	2	LNDETERM		8.86	8.86	8.86	8.86
100	3	LNDETERM		4.95	4.95	4.95	4.95
101	1	LINEAR	_LINEAR_	0.88	30.21	19.34	7.65
102	1	LINEAR	_CONST_	−1825.71	−1825.71	−1825.71	−1825.71
103	2	LINEAR	_LINEAR_	1.04	28.20	17.61	7.00
104	2	LINEAR	_CONST_	−1607.96	−1607.96	−1607.96	−1607.96
105	3	LINEAR	_LINEAR_	1.06	27.83	16.63	6.79
106	3	LINEAR	_CONST_	−1548.53	−1548.53	−1548.53	−1548.53

● 결과 해석

결과의 앞부분의 경우는 일반적으로 자료에 대한 기초적인 통계를 나타낸 것이다. 'Univariate Test Statistics' table은 각 변수가 단독으로 판별에 이용될 때의 기여도를 검토한 것이다. 여기서 'x2'의 유의 수준이 '0.0005'로서 가장 기여도가 높다는 것을 보여주고 있다.

'OUTPUT DISCRIMINANT STATISTICS' table에 의해 계산된 3유형의 각각에 대한 분류 함수식은 'Linear Discriminant Function for k1' table에 나와 있다.

D1 = −1826 + 0.87868x1 + 30.21x2 + 19.34x3 + 7.65X4

D2 = −1608 + 1.03787x1 + 28.20x2 + 17.61x3 + 7.00X4

D3 = −1549 + 1.05624x1 + 27.83x2 + 16.63x3 + 6.79X4

여기에 어떤 사람의 각 변수에 대한 측정치가 (x1, x2, x3, x4) = (165.38, 86.20, 24.48, 52.10)이라면 이 사람은 어느 집단에 분류되어야 하는가? 우선 D1, D2, D3에 각각의 값을 대입하면 다음과 같은 값을 구할 수 있다.

D1 = −1826 + 0.87868(165.38) + 30.21(86.20) + 19.34(24.48) + 7.65(52.10)
D2 = −1608 + 1.03787(165.38) + 28.20(86.20) + 17.61(24.48) + 7.00(52.10)
D3 = −1549 + 1.05624(165.38) + 27.83(86.20) + 16.63(24.48) + 6.79(52.10)

D1 = 1795.1, D2 = 1790.3, D3 = 1777.9인데, 가장 큰 집단에 속하게 되므로 이 사람에 경우는 D1, 즉 Brahmin 집단에 속한다고 볼 수 있다.

저자 약력

강다래
- 전북대학교 농업생명과학대학 동물생명공학과 학석사
- 전북대학교 농업생명과학대학 축산학과 박사
- 現) 전북대학교 농업생명과학대학 동물생명공학과 교수

李晶(이정)
- 大韓民國 全北大學校 産業design學科 學士
- 大韓民國 全北大學校 産業design學科 碩士
- 大韓民國 全北大學校 design製造工學科 博士
- 大韓民國 全南道立大學校 産業design學科 講師
- 現) 中國 青島大學 工業設計 助理教授

김정문
- 전북대학교 조경학과 학사, 석사, 박사
- 前) Univ. of Pennsylvania Visiting Scholar
- 現) 국방부 특별건설기술심의위원회 심의위원
- 現) 한국전통조경학회 수석부회장
- 現) 전북대학교 농업생명과학대학 조경학과 교수

차장옥
- 전북대학교 농과대학 축산학과 학사
- 전북대학교 농과대학 축산학과 석사
- 전북대학교 농과대학 축산학과 박사

통계의 이해

-다변량 빅데이터 중심으로 -

인쇄 2023년 01월 15일

초판 2023년 01월 31일

발행인 이은선

발행처 반달뜨는 꽃섬

주소 서울시 송파구 삼전로 10길50, 203호

연락처 010 2038 1112 | E-MAIL itokntok@naver.com

ⓒ 저작권 저자 소유

ISBN 979-11-91604-15-3 (93310)